数学には

こんなマーベラスな役立て方や楽しみ方があるという話をあの人やこの人にディープに聞いてみた本

1

数学セミナー編集部＝編

日本評論社

はじめに

昭和や平成の前半期頃は、各種メディアを通じて数学は「嫌い」と公言されることがよくあり、「好き」であることを表立って宣言して第一線で活動されている方は、そこまで多くはなかった印象があります。この風向きが変わってきたのは、平成も後半になって以降でしょう。二〇〇〇年代半ばより、世間で「数学ブーム」が喧伝され、「この数式(数)が美しい」とか「ビッグデータが使える!」とか「こんな意外なところにも数学が!」とか「今度は人工知能だ!チャットGPTだ!」と叫ばれ続けた結果、次第に数学愛がオープンに語られ始めたのだと思います。この流れには、当然のことながらSNSやオフ会・イベントの普及も強く関わっているでしょう。

本書のベースとなった、雑誌『数学セミナー』(日本評論社)のインタビュー連載「数学トラヴァース」、そして本書は、そのような時代背景の下に生まれました。各分野で活躍されている方々に、数学との関わりや意外な使い方、楽しみ方を思う存分に語っていただき、数学の魅力や多様性を伝えることを目指しています。数式は、ほぼ登場しませんので、数学があまり得意ではない方、お嫌いな方にもお楽しみいただけると思います。

最後にお詫びを一つ。本書の異様に長い書名についてです。どうしてこうなってしまったのかを手短にご説明しますと、連載がある程度進み、書籍化の企画を考えていく際に、短い書名ではどうしても内容を的確に表現しきれないという問題が発生しました。何日考えても解決できない……、そこでいっそのこと、あえて長くする方向に舵を切ることにしました。とても覚えにくく呼びにくいので、読者の皆様にはご不便をおかけするかも知れません。「トラヴァース本」や「マーベラス本」など、適宜略していただけますと有難いです。

本書は全3巻で構成されます。この第1巻では、美術家の野老朝雄氏や雲研究者の荒木健太郎氏（気象庁気象研究所）などが登場します。ほかの巻でも、多種多様な方々が独自の数学観を語っていますので、ぜひともお楽しみください。

二〇二三年八月一七日　『数学セミナー』編集部

目次

contents

第2巻　目次

第3巻　目次

数学にはこんなマーベラスな役立て方や楽しみ方がある
という話をあの人やこの人にディープに聞いてみた本

1

1

野老朝雄氏にきく（美術家）

デザインと数学の架け橋を

東京二〇二〇オリンピック・パラリンピック競技大会エンブレム［図1-1］。一見すると種々の長方形が何気なく配置されただけに見えるが、よく観察するとその構造の面白さがわかる。多数の長方形は、合同で分類すると三種類しかなく、それらが角度を変えながら頂点で接し合って整然と並んでいる。これは、数学的な構造が背景にあるに違いない…と思わせる。じっさいこのエンブレムは発表当時から数学ファンの関心をよび、構造の解析やバリエーションの作成が行われるなど、興味深い盛り上がりを見せている。

このエンブレムをデザインしたのが野老朝雄氏。どのようにデザインされたのか、氏にとって数学の魅力とは。本書の幕開けとして、これらの話題を存分に語っていただいた。

数学から生まれたデザイン

感慨深いです。ほかのメディアの取材では、「この角度が30°で……」と数字の話をした瞬間に「別の言い方でお願いします」と言われてしまうことも多かったので。

▼エンブレムのデザインの構造の要になっているのは、実は長方形ではなく、三種の菱形だ［図1-2］。辺の長さは等しく、内角は30°の倍数になっている。

この菱形、合計六十個を敷き詰めるとこのような形ができます［図1-3］。似たものに、鋭角が72°の菱形と36°の菱形を使う「ペンローズ・タイリング」がありますが、30°、60°、90°のものには名前がありませ

図1-1

図1-2

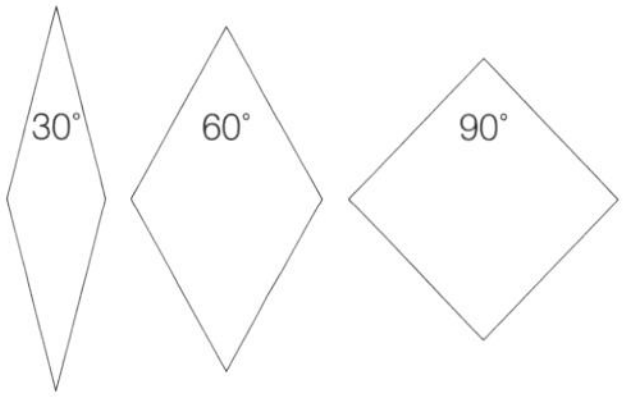

図1-3

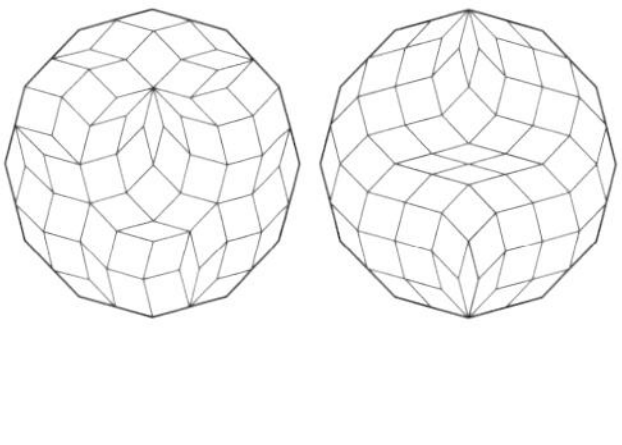

ん。わざわざ名前をつけるまでもない、ということなのでしょう。

▼この敷き詰めから一五個を除き、図1-4のように菱形の中点を結んで長方形を作ることで、エンブレムのかたちが出来上がる。

図1-4

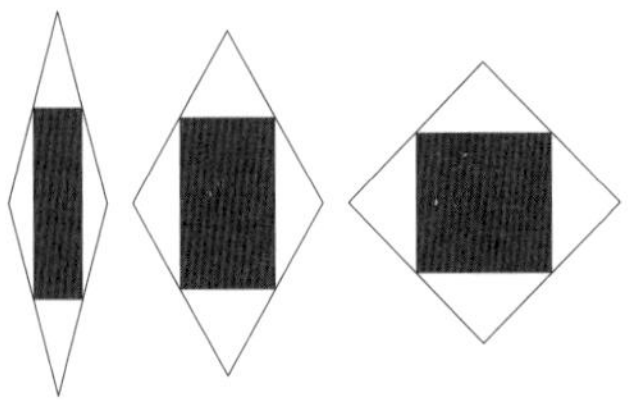

最終審査を通った数日後から、SNSなどで菱形の補助線を見出してくれるかたが現れはじめました。数学を応用している建築系のひとが多かったですね。補助線がないと法則を見出すのは難しいかもしれません。

数学がわかっているひとたちの信用で、「これはちゃんとした図らしい」というのがだんだん広まっていったように思います。みごとな集合知でした。

三つの長方形はどれも、正十二角形の頂点をつないで作れます。そのことから、正十二角形から発想したのだろうと推測するひともいましたが、じっさいは菱形の敷き詰めというもっと単純なことから考えていました。

▼じつはこのデザイン、かたちだけではなく、色にも数学がすこし関係している。

長方形のうちいちばん大きいものの面積を100とすると、残りの二つの面積は86.6、50となります。そこで、CMYK[*1]の値を100、86、0、50とすることでできる藍色を目指しました。あとでエンブレムを見た子どもたちがそれに気がついたりしたら、面白いですよね。

ただ、色はあとでいくらでも膨らませられる。お化粧としての色は要らないので、まずはかたちと構造の成り立ちの凄さを見てもらいたいという思いです。

模様が〝つながる〟

▼氏が数学的な模様のデザインを始めるまでには、紆余曲折があった。

父が建築家、母がインテリアデザイナーという環境で、コンパスや三角定規やパラライナー(平行定規)に囲まれて暮らしていました。建築家になりたかったのですが、建築はものすごく人数が多い。数学も苦手だったので美術に進もうと思ったのですが、どこへ行っても上には上がいて芸大には入れず、大学ではけっきょく建築を学びました。

＊1　シアン(C)、マゼンタ(M)、イエロー(Y)、ブラック(K)の四成分で色を表す方法。

その後、「ＡＡスクール（英国建築協会付属建築学校）」というロンドンの学校の本をたまたま読みました。建築は建築物を作るものだと思っていたのですが、ＡＡスクールは、建築という学問で何ができるかを考えていた。衝撃を受けて、ＡＡスクールに行きました。

日本に帰ってきてからは、ボス（江頭慎氏）の助手をやっていました。ボスの弟子のなかで自分は劣等生で、自分は何ができるのかなと考えると、何かと何かの間、美術と建築の間を開墾するようなことができるのではないかと思いはじめました。ボスがよく口にしていた「カルティベイティング・マージナル」という言葉が象徴的です。「領域の開墾」という意味でしょう。この言葉だけで「ああ、領域って開墾できるんだ」ということが読みとれますよね。

▼アメリカ同時多発テロが野老氏に大きな影響を与えた。

二〇〇一年のニューヨークにおける同時多発テロが転機になりました。自分には何もできないけれど、絶望するのはやめようと思いました。何千年かかって生まれてきた根深い断絶はつなげられない、というのはみんなわかる。アメリカの偉い人とアルカイダが十年後に抱き合う光景は当時も想像できなかったし、今も実現していない。自分がまあまあと仲裁に入るのは無理だ。でも、何もないとはいえ、紙とペンはある。その日から本当に模様ドップリになりました。

私の名刺に描かれている模様は、二〇〇三年くらいに制作したものです［図1-5］。どの二つの模様も、どの向きにでもつながります。十年ぶりに会うひとにまた名刺を渡すと、「あ、まだつながる」と喜んでくれる（笑）。十年経ってもつながるのは当たり前ですが、嬉しいですよね。断絶なんか絶対に埋まら

図1-5

ないと思っていますが、そこで諦めるのではなくて、何十秒かでも楽しい会話ができたらいいじゃないですか。

靴の裏のデザインをいつかやりたいと思っています。敵対する人たちの靴の裏の模様がこの名刺のようにくっつく。そのひとたちは、互いに殺し合おうとしているのに、なぜかくっついたら面白い。オリンピックもそういう場だと思っています。イデオロギーの合わないひとたちが、スーパースターを見ると皆「おお」と思う。テロを起こそうとしていたひとが、模様やスポーツに触れて、何秒かでも「俺、テロを起こすの忘れちゃった」といったことが起こるといいですね。

勘の赴くままに

これは東京都現代美術館で二〇一〇年に行われた展覧会に出品した『BUILDVOID（ビルドボイド）』というシリーズのひとつです［図1-6、1-7、次ページ］。菱形をテープでつ

図1-6

図1-7

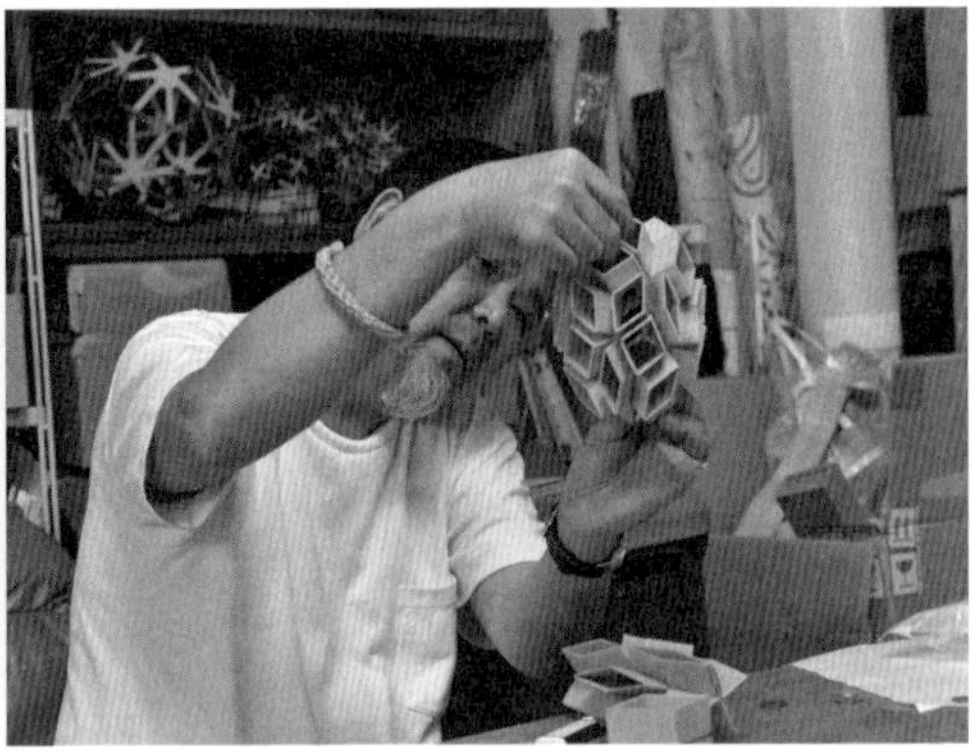

ないだ菱形多面体で、パンタグラフみたいに動き、いろいろな形に変形します。これが、菱形を敷き詰めたエンブレムのデザインの発想につながっています。

▼菱形の敷き詰めもBUILDVOIDも数学的な構造だが、数学の本を読むなどして発想を得ているわけではないという。

私はほとんどインプットがありません。数学については、五弁の花を見て「奇数だな」と思う、そういうレベルなんですよ。BUILDVOIDなども、あとからWikipediaを見て、こういうかたちがあるんだと知ったりしています。数学的な世界はもちろん大好きなのですが、学問としての数学に入った瞬間に、自分が遠くへ飛ばされちゃったような気がして…。六十歳くらいになったら、数学の勉強を始めようかなとは思っていますが、いまは勘の赴くままに作っています。

松川昌平さん（慶應義塾大学）という、アルゴリズムの考え方を使って建築を研究している知り合いがいます。[*2] 松川さんが「野老さんにはぜひプログラミングをやってほしい」と言ってくださるのですが、「まだやりたくない」と、平行線の会話でした。しばらくして彼は諦めてくれましたが、そんなこともあって仲良くなりました（笑）。松川さんは、コンピュータを使って一挙に何億通りものパターンを導いていますが、私はこうして手で考えているから、びっくりするほど遅い。菱形の並べ方にしても、六十個を並べるやり方は何十億通り以上あると彼は言ってましたが、私は十二通り以上は知っています（笑）。私は美術を目指したいので、アナログな方法で旅をする。「あそこまで行くならバイク貸すよ」と言われても、とぼとぼ歩いていく。そうすると、「こんなところに草が」と気づくことができます。

BUILDVOIDを美術展に出す際に、若いひと大勢に声をかけて、制作を手伝ってもらいました。あとで聞いたら「数学は一〇段階評価で二でした」みたいなやつばかりだったのですが、彼らが作ったものがじつは高等数学とつながっている。数学の劣等生がたくさん集まり、そのボスはもっと数学がわかっていない、という状況ですが、それでもBUILDVOIDが最初にムクっと動き始めたときは感動できる。たまらないな、かっこいいなという、愛ですね。それに尽きます。今は数学を学び直すよりも、現象と「はじめまして」と偶然出会えた感じを大事にしたいと思っています。

＊2　第2巻第2章で登場。

数学は誰のものでもない

▼数学的な構造がむき出しになったデザインは、誰でも同じように作れる。氏はその点をどのように考えているだろうか。

BUILDVOIDは、あるひとが、北欧の学会でまったく同じものを見つけたと言っていました。そのひとは「野老さんの六年遅れです」と言ってくれたのですが、私としては同じものがあったことが嬉しかった。ぜんぜん違う考え方でそれを作ったのでしょう。似たようなものを作って、お互い「ブラボー!」と言えればいいですよね。私が先にやったとか言うのは、その時点で悲しい。数学の概念としてはギリシャやローマの頃だってあるわけですから、当時にもたまたま同じものがあったかもしれない。だから、複雑なことをしてオリジナリティを得ようというのではなくて、丸・三角・四角だけで何かまだできないかなといつも思っています。

ボルヘスの小説『バベルの図書館』に、文字のあらゆる並べ方がそれぞれ書かれた本の納められた図書館が登場します。そのぜんぶを見るのは無理ですが、その図書館から何かを引き抜いてくるのが野老さんだ、ということを松川さんが言ってくれています。持ち上げすぎなのですが、じっさい、私の作るものは図書館のどこかにあるんですよ。私が発明したものではない。

数学に内在している摂理で「こうなっちゃう」わけです。「お会いできた」と、謙虚でもなんでもなくそう思っています。神様という存在があるとしたら、それに感謝すべきかもしれない。花を見て「おおっ」と思ったり、芭蕉が蝉の声で立ち止まるのと同じです。私はひとと比べると花を見ている時間が長いから、確率的には会う可能性が高いというだけで、「発見」というのもおこがましいなと思います。この道を歩いてきてよかった、ここで立ち止まってよかった、という気持ちです。

架け橋を作りたい

▼デザインに関して、氏が数学に寄せる期待は大きい。

デザイン・アートと数学の架け橋を作りたいです。「数学すごいな」という思いを、アナログな手法で示せればいいなと思っています。

二〇一六年のリオ・オリンピックの閉会式でも、数学科を出た真鍋大度さん率いるRhizomatiks[*3]が、素晴らしい演出をされました。『数学セミナー』を読む若い子が、どんどん大きいプロジェクトに関わってほしい。これまでよりすごいことをしようと思ったら、いままでのデザイナーではできないんですよ。数学が好きなひとが加わらないと。

［二〇一六年九月一日談］

＊3　本巻の付録Aにて登場。

野老朝雄

ところ・あさお

美術家。1969年、東京生まれ。幼少時より建築を学び、江頭慎に師事。2001年9月11日より「つなげること」をテーマに紋様の制作を始め、美術・建築・デザインなど、分野の境界を跨ぐ活動を続ける。単純な幾何学原理に基づいた定規やコンパスで再現可能な紋と紋様の制作や、同様の原理を応用した立体物の設計／制作も行なっている。主な作品に東京2020オリンピック・パラリンピックエンブレム、大名古屋ビルヂング下層部ガラスパターン、TOKOLO PATTERN MAGNETなど。2016年より東京大学工学部非常勤講師、2018年より東京大学教養学部非常勤講師、2022年より國立臺灣師範大學（TAIPEI, TAIWAN）客座教授を務める。

2

高野文子氏にきく（漫画家）

天地のない絵が描きたい

図2-1『ドミトリーともきんす』カバー。

本章で登場するのは、漫画家の高野文子氏である。寡作で知られる高野氏、十年以上ぶりの漫画の単行本となった二〇一四年の作品『ドミトリーともきんす』（中央公論新社、図2-1）は、それまでの高野氏の作品からは予想もつかない、科学をテーマにした作品であった。この作品の前後から数学に関心を抱き始めたという高野氏、描く絵もどこか数学らしさを帯びてきているように見える。いま、どのような思いで絵を描かれているのだろうか。

高野氏にゆかりのある、東京都大田区の「昭和のくらし博物館」にてお話を伺った。

きっかけは伏見康治

▼『ドミトリーともきんす』は、朝永振一郎、牧野富太郎、中谷宇吉郎、湯川秀樹という四人の科学者の一般向け著作に取材している。寮母のとも子が営む学生寮でこの四人が生活し、科学に関するやりとりが行われるという設定だ。この漫画が生まれた経緯をひもとくと、そこには別の作品があった。

漫画のコマのなかに人物が二人いるとき、遠くにいるひとは小さく、近くにいるひとは大きく描く。絵ですから当たり前ですよね。でも、一九九三年、おうちのなかに普通のひとと小びとがいっしょに住んでいる漫画「東京コロボックル」［図2-2］を描いたとき、妙な感じがしてきたんです。部屋の奥のほうに普通のひと、手前のテーブルの上に小びとがいる風景を、一枚の絵にした場合、ふたりの大きさを同じに描いてもまちがいではないですよね。

ペーパークラフトでも試してみました。五センチメートルのひとと三センチメートルのひとが床に座っている絵を描いて、カッターで上半身だけ切って、指できゅっと起こす。それを机の上に置いてながめたりしました。片目、ウインクして。

▼ペーパークラフトが面白くなり、折り紙も始めた。そこから伏見康治の本に出会う。

白い二次元の紙から少しずつ離れていって、立体に関心が向いたのかなあ。

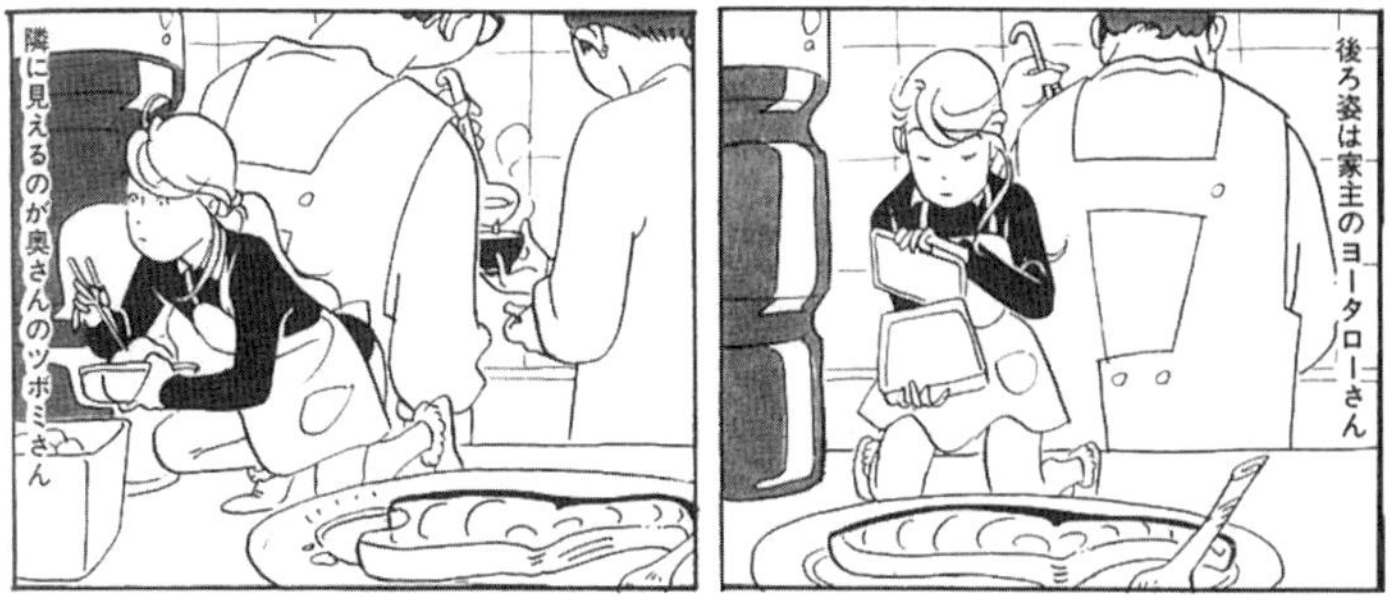

図2-2「東京コロボックル」(『棒がいっぽん』(マガジンハウス、1995年)所収)のひとコマ。

地域の高齢者サークルでおばあちゃんたちと折り紙をやっていたときに、伏見康治さんの鶴の折り方の本(『折り紙の幾何学』、日本評論社)を見つけたんです。正方形ではない紙で鶴を折る、というものです。そのあと、同じ伏見康治さんの『美の幾何学』(ハヤカワ文庫、当時中公新書)を読んだら、たいへん面白くて、安野光雅さんの語る「遠近法」についてもすごく納得がいきました。「絵を描くってこんなに数学と近いものなんだ」と初めてわかりました。

その『美の幾何学』のことを田中祥子《さちこ》さんという若い編集者さんに話したら、彼女が湯川秀樹と朝永振一郎のエッセイを「面白いですよ」と持ってきました。漫画の編集さんというと、たいてい文学部出身ですが、農学部を出たという理系のひとで、次々と本を持ってくるわけです。そして「こういうのを漫画にしましょう」と言い始めました。『ともきんす』に取り掛かったのが二〇一〇年、東日本大震災のすこし前です。単行本が出たのが二〇一四年になります。

▼もともとは、幼少期からずっと、数学には興味がなかったという。

算数は最低でした。分数にしろ、速さの計算にしろ、もうお手上げ。中学以降もぜんぜんだめでした。そろばん塾へ行かされていましたが、いつも教室のうしろで本を読んでいました。

小中学生のころは、「写真みたいじゃんこれ」と言われるような絵を描くのが得意で、写実がいちばん偉いという意識でした。コンパスなどで描く図はつまらないに決まっている、図画と数学はまるで遠いものだと思っていました。

▼最近になって、本との出会いによって数学の面白さに目覚めた高野氏。

案外そういうひとっているのかもしれません。大人になってから「あれあれ」という感じです。

▼ただし、『ともきんす』の中には数学者は出てこない。

岡潔を入れる案が田中さんとふたりの間で最後まで残っていましたが、岡潔のキャラクター像が、おじいさんの顔しか思い浮かばないんです。二十〜三十代の写真が見つけられなかったのと、若い頃どんなことを言っていたひとなのかわからず、諦めました。

でも、数学は湯川(秀樹)の本の中からも教わりました。数は目に見えないが、牛など数えられるものから出てきたものだ、とか。最近読んだ遠山啓さんの『数学入門』(岩波新書)の入り口のところにも同じような話があって、「そうかそうか、やっぱりそうだったんだな」と思いました。

線対称は自分語りをしない

▼『ともきんす』には、エッシャーを思わせる敷き詰め模様など、幾何学図形のような絵がいくつも登場する。

最終話に出てくる敷き詰め模様は、秋山仁さんの、正四面体をころがして平面を充填していく方法でやってみました。おおよそできたとき、白山で行われていた日本折紙学会の研究集会へ行き、前川淳さん[*1]を探して試作を見てもらいました。これがご縁で、二〇一六年『折る幾何学』(前川淳著、日本評論社)のカバー絵を描かせてもらうことになります。前川さんの折り図を解読するうちに、漫画の絵よりも「図」のほうが美しいと思うようになりました。家電製品の組み立て方、ファックス用紙の入れ方、こういうものも、上手く描かれているものを見つけると、みごとだなあと思うようになりました。

▼物語の合間に家電製品が唐突に描かれる「奥村さんのお茄子」(一九九四年、『棒がいっぽん』所収)が思い出される。

あの家電はなんで出てきたんでしょうかね。そこで時間をチョキン、みたいな感じをやっているんだと思います。

*1　本巻第8章にて登場。

あの漫画を描こうと思ったのは、当時はりきって稽古していた居合抜きがきっかけでした。もっとうまくなりたいなと思って、お手本ビデオをひたすら凝視していたんです。先生がやっているわずか三〇秒の技を、ストップをかけて進めたり逆回ししたりしていると、先生の後ろにちょうちょが飛んでいるのが写っている。先生が何を考えながら刀を振っているのかを知りたくて見ていたはずが、ちょうちょが何を考えていたか、が気になってきた。人生の起承転結のなかでいちばん輝いていた時期、といった漫画や小説の考え方がありますが、あれがなんだか、浅はかなことのように思えてきました。「どの時間もみんな真っ平らに同じ、と思ったほうが気持ちがいいんじゃないかな」と思いました。このあたりから、物語漫画からどんどん外れていってしまうんですけれど。

▼『黄色い本』(講談社、二〇〇二年)をきっかけに、いっそう漫画から外れていくことになる。

『黄色い本』は、自分を主人公にした「私はね」という漫画の描き方を徹底的に七〇ページやったものです。気持ちよくできた仕事ではありましたが、終わったあと「私はね」で始まるフィクションを作ることに、目眩がするような、酔っ払うような気持ち悪さが出てくるようになりました。編集さんに「丸を描いて目鼻を描くと、そのひとが身の上話を始めるんですよー、なんだか頭の中がうるさくてしょうがない」と訴えました。「じゃあどういうものなら描けるの」と聞いてくるので「人の出てこない、風景だけの漫画なら描ける」ってなことを言っていたんです(笑)。

この時期は、ペーパークラフトで作った『火打ち箱』(フェリシモ、二〇〇六年)や、「おりがみでツルを折ろう」[図2-3]など、よくわからないながらにいろいろ試していました。「おりがみでツルを折ろう」は、

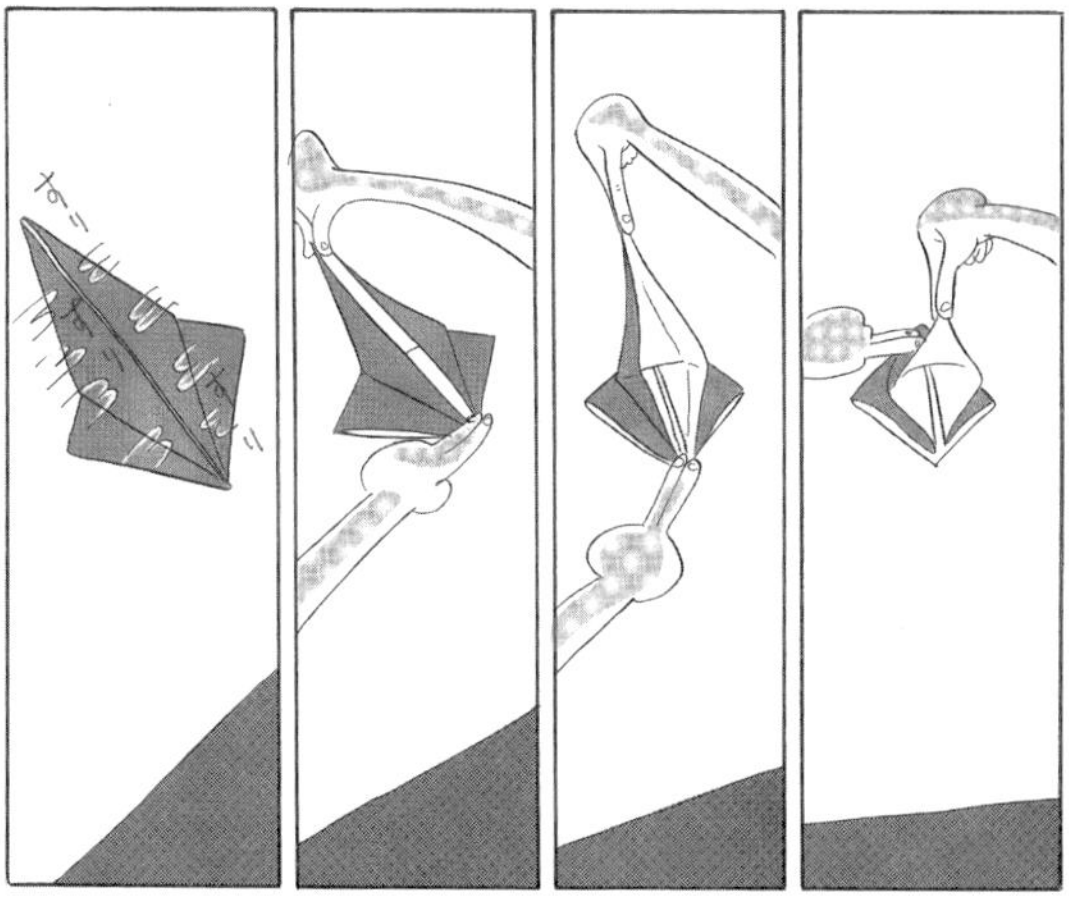

図2-3「おりがみでツルを折ろう」(『ニッポンのマンガ』(朝日新聞社、2006年)所収)の一部。

一〇ページばかりの漫画なんですが、主人公はいなくて、折り紙のツルが折れていくだけ。いわば主人公は折り紙、という漫画です。

『ともきんす』では、「自分語りをしない絵をどうやったら描けるのか」といろいろ考えて、まず左右対称の絵を描くことだ、と思いました。鉄腕アトムを思い浮かべればわかりますが、人物の顔を描くときは、やや斜め横から描くじゃないですか。鼻もひらがなの「く」の字みたいに描く。この鼻を描き始めると、自分語りが始まってしまうんです。それなしで行くために、『ともきんす』のとも子さんは、正中線で真正面から描き、鼻の穴をふたつみせて左右対称、手足もまっすぐ下ろして話す。ニュースを読むアナウンサーみたいに自分語りをせずにコマ漫画が描けるな、ということを試しながらやっていました。

▼自分語りをしないというだけでなく、線対称は純粋に「美しい」という。

図2-4『科学』（岩波書店）表紙の原画。

左右対称の絵なんて、パソコンで半分描いて左右反転すればできる。でもそれをしないで自分で手描きするところが楽しいんです。岩波書店の雑誌『科学』で一年間表紙をやらせてもらったときも、「左右対称ってなんて美しいんだろう」と思いました［図2-4］。丸と四角と左右対称がやっぱり綺麗だなと思います。

▼左右対称だけでなく、天地（上下）さえもない図がよいと語る。

漫画って、一ページのなかがだいたい三階建てで、各階がいくつか縦の仕切りで分かれていて、ページの右上から読んでいきますよね。その各階で黒い丸が上から転がるようにしておくと、コマのスピードが上がるんです。たとえば、最初のひとコマめのテーブルにコーヒーカップをふたつ描く。白いカップと黒いカップ。そうすると人間は、「黒い方に何が入っているのかな」って先に思うんです。「白いカップに何が入っているか」はあとになってしまうんです。黒に意識が行くんですよ。その黒が次のコマではどこに行ったかでもって、話を進めるんです。エンジンをかけるみたいに。そのときに、三階建ての各階で、黒が水平に動いたのでは、あまりスピードが上がりません。徐々に、徐々に、徐々に、わずか二、三ミリずつでもいいから、黒いものを下げていくんです。そうすると、水が流れるように読める。重力のベクトルが上から下へ、みたいなつもりで。これは、天地があることで絵が成り立っている証拠かな。

ところが地図は、世界地図にしろ東京都の地図にしろ。重力は関係ないんですよ。風景画にも人物画にも、絵には重力が関係あるんですが、図になると、重力がない、天地のないものが世の中には実はけっこうある。着物の織り柄も、縞模様とか矢絣とか、逆さにしても同じという気持ちよさがあります。世の中、印刷技術が向上したら、洋服にもキャラクターがいっぱいついていて、天地のある絵ばかりになってしまいましたよね。いま、天地がある状態がちょっと辛いんですよ。天地のない世界に行きたい(笑)。壁紙も天地がないのが普通だったのに、最近は雲や鳥のイラストをちらしたものがありますね。一見すてきなんだけど、これは疲れる。体にもよくないと思います(笑)。

小学生の教科書でも、挿絵が入っていたり、キャラクター風になっているものもありますね。私は教科書は殺風景なほうが好きだけどな。とくに数学では、モノクロの文字だけのほうが、ものを考えるには適していると思うんだけど。岡潔の本にも、学校の先生に対して、グラフを教えるときはカラーのチョークは使わないでください、情緒にさざなみがたってうまく考えられません、と書いてありましたよ。たしか、「義務教育私話」(『春宵十話』(光文社文庫)所収)の中だったと思います。

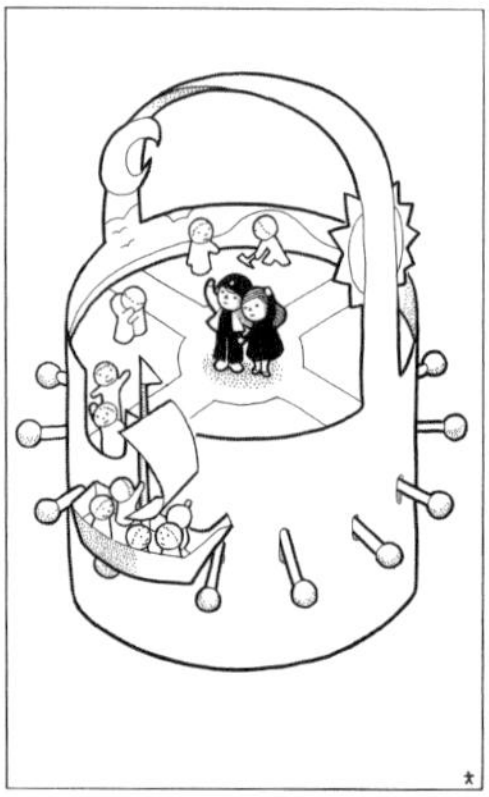

図2-5『青い鳥』（メーテルリンク著、江國香織訳、高野文子絵、講談社青い鳥文庫、2013年）挿絵のひとつ。

▼講談社青い鳥文庫の『青い鳥』新装版［図2-5］も高野氏が挿絵を描いているが、これも意外な絵になっている。

楕円の遠近法がむずかしいことを思い知りました。頭痛がするほどがんばったんだけど、正確さはいまひとつです。

このお話は、チルチル、ミチルの冒険譚のように思われているけれど、かなり抽象的な話で、主人公の顔のアップなどぜんぜん似合わないものなんです。なので人物はどのページもとっても小さく描きました。

仕組みを描きたい

▼子どものころから裁縫が大好きだという高野氏。裁縫についての語り方もどこか数学的だ。

最近は方眼紙ばっかりですね。なにか描こうと思うと、まず頭の中に方眼紙が浮かび、次に白い布が浮かびます。白い原稿用紙は浮かんできません（笑）。

いまは、ズボンや手袋を縫いたいなと考えています。ズボンは面白いです。人間の脚二本、円柱状のものを、平面の布で包むにはどうすればうまくいくか、いろんなひとが大昔から考えていますね

［図2-6］。手袋は、いまでは当たり前のようにニットでできていますが、毛糸がなかった土地では、平らな布を縫い合わせて作っていたわけです。大阪の「みんぱく」（国立民族学博物館）にある昭和九年の手袋は、五本の指を三束に分けてくるんであります。三本指手袋です。これを作ってみたいです。

▼もちろん今も絵に関心はある。

図2-6 高野氏のズボンのスケッチ。2017年、昭和のくらし博物館で高野氏の漫画の原画展が開催された際に展示されていたもの。右の写真で履いているズボンも高野氏お手製。

「仕組みを絵にする」というのはやってみたいと思っています。「ぼんおどり」[*2]のように、図解をやりたいなと思っているんです。

そうしたら、本当に難しいテーマを、なんと自分から選んでしまいました。「児童福祉の仕組み」を図解するというものです。行政文書を読むと、児童憲章がズラズラっと書いてあって、たしかにわかりにくい。児童福祉の仕事をしている友人と、いっしょに作ろうと話は決まったのですが、これがかなり難題で、苦労しています。

▼漫画はほとんど読まなくなったが、気になる漫画家もいるそうだ。

コマ漫画を描いている、エラーくん(error403氏)という同人作家です。二年ほど前に会ったのですが、当時は大学生だったと思います。登場人物の顔が丸、三角、四角のひとしかいなくて、変なんです。私が面白いと思ったのは、三ページくらい読み進んだら、また一ページ目と同じコマが出てくる漫画でした。吹き出しのなかだけは少し違っているんです。エンドレスにつながる不思議な漫画です。この作者、どういうひとになるのやら、楽しみです。

▼『数セミ』読者にも絵を描いてみてほしいという。

天地のある風景画とかを描いてみてくださいよ。私はもう描きませんから(笑)。いま連載されている時枝(正)さんもいい絵ですよね。[*3] 数学をやっているひとの描く絵はいいなと思います。描いてみてください、ぜひぜひ。

[二〇一八年五月三一日談]

＊2 「Tさん（東京在住）は、この夏、ぼんおどりが、踊りたい。」という五ページの漫画。『ドミトリーともきんす』所収。特別なストーリーはなく、ぼんおどりの踊り方を図解する内容。

＊3 「試験のゆめ・数理のうつつ」（『数学セミナー』二〇一七年四月号〜九月号、二〇一八年四月号〜二〇一九年三月号連載）

高野文子

たかの・ふみこ

1957年、新潟県生まれ。1979年商業誌デビュー。1982年日本漫画家協会優秀賞、2003年手塚治虫文化賞マンガ大賞。著書に『絶対安全剃刀』『おともだち』『ラッキー嬢ちゃんのあたらしい仕事』『るきさん』『棒がいっぽん』『黄色い本』『ドミトリーともきんす』がある。

3

青柳碧人氏にきく（小説家）

「数学をすることの意味」を求め続けて

本章では、数学が物語のカギとなるミステリ小説「浜村渚の計算ノート」シリーズ（講談社）などで知られる、小説家の青柳碧人《あおやぎあいと》氏にご登場いただき、シリーズ誕生のきっかけや数学に対する想いを伺った。

クイズ問題になぜか数学者がよく登場する

▼子どもの頃は、純文学が好きな少年だったという。

小学生の頃は、「シャーロック・ホームズ」や、アガサ・クリスティの「名探偵ポアロ」と「ミス・マープル」、日本の小説では太宰治、芥川龍之介をよく読んでいた気がします。中学生になると、夏目漱石、二葉亭四迷を好きになり、この頃、将来は小説家になりたいと漠然と考えていました。高校生の頃

は宮本輝さんばかりを読んでいました。

▼現在、数学ミステリを書く青柳氏であるが、学生の頃は数学が苦手であった。

数学は中学生の頃が一番好きだったのですが、高校になると授業についていけなくなりました。その頃は世界史が好きで、早稲田大学へ進学した際も世界史を専攻することにしました。

▼大学に入ると、苦手だった数学との出会いが待っていた。

大学では「クイズ研究会」に入ったのです。すると、小説への興味が薄れてしまい雑学本を読んだりクイズの問題作成に没頭してしまいました。実は、巷に溢れるクイズの問題には数学者がよく登場するのです。たとえば、「ノーベル賞に数学部門がないのは、アルフレッド・ノーベルがある数学者と仲が悪かったためと言われていますが、その数学者とは誰でしょう？ Ans. ヨースタ・ミッタク＝レフラー」などです。それで、数学についての本を読むようになりました。数学者という人たちは、ほかの職業とはだいぶ違う。たとえば、数学者は数学のことを考えることがやめられず、その想いや人生そのものがそのまま仕事になっているように感じました。

▼数学の本を読み始めることになった青柳氏。クイズに携わる前は、教科書以外の数学の本は一切読んだことがなかったという。

フィボナッチもオイラーも、大学に入学してから知ったと思います。「フィボナッチ数列」はいま、中学受験の算数で勉強するそうですね。

『浜村渚の計算ノート』誕生

▼青柳氏の代表作「浜村渚の計算ノート」シリーズは、二〇一七年三月時点で八冊刊行、累計七五万部を売り上げるヒット作である。[*1]この作品が誕生するきっかけは、自身が二十六歳のときであった。

大学卒業後に学習塾で働き始めました。その塾は高校受験専門で、僕はいちおう社会科の講師として入ったのですが、塾が中心としているのは数学でした。

数学の授業では、最後に生徒へプリントを配り、全部解かないと帰さないスタイルでした。難問も含まれるプリントだったのですが、僕はプリントと解答をいきなり渡されて採点と指導を手伝わされることになりました。数学科の先生はすぐに対応できるのでしょうが、僕は社会科なので数学の知識が足りない。そこで、もう一度数学を勉強し直し始めたのです。

塾には数学好きもいたのですが、「こんなことをやって何の意味があるの」と憎まれ口を叩く子もいました。この問いについて少し考えたのですが、その結果「面白いなと思ったら子どもたちは数学を勝手にやる」という答えにたどり着きました。それで、数学を面白いと思っている人が、なぜ面白いと思っているかを突き詰め、その面白さを、よくある子ども向けの数学の本とは違うミステリという手法で表現したら、今までにないものが生まれるんじゃないかと思ったのです。

▼物語の最初の題材に選んだのは四色問題である。この題材を選んだ決め手は何だったのだろうか。

問題自体が分かりやすいですし、数式が一切登場せずに「これも数学なの?」という感じがして面白いと思っていました。また当時、東野圭吾さんの『容疑者Xの献身』(文藝春秋)が映画化された時期で、それを映画館へ観に行ったのも影響しました。

▼少年犯罪の元凶として学校教育から数学が排斥された日本。それに憤り反旗を翻した数学者、「ドクター・ピタゴラス」こと高木源一郎が結成した数学テロ組織「黒い三角定規」が犯行予告を行う。それに対抗すべく警視庁に設置された「黒い三角定規・特別対策本部」に迎えられたのは、女子中学生・浜村渚であった――処女作『浜村渚の計算ノート』が、第三回「講談社Birth」小説部門を受賞し、二〇〇九年に小説家としてデビューした青柳氏。シリーズを刊行し始めた頃は、これほど長く続くとは思っていなかった。

三冊目ぐらいでやめようと思っていたのです。「フェルマーの最終定理」を取り上げたい気持ちがあって、それで終わりにしようと。そうしたら、編集者から「まだ続けられますか? ネタはありますか?」

*1 二〇二三年時点で十一冊を刊行し、累計一一〇万部を売り上げている。

と訊かれ、「あります」と言ったら続けることになりました(笑)。

▼数学を勉強していくうちに、「モンティ・ホール問題」や「折り紙」など、小説にしたい題材が増えていったという。題材の選考基準はなにかあるのだろうか。

僕が分かっていないことは書けないですし、分かっていても面白い説明ができないものは書きたくありません。一般向けに書かれた数学の啓蒙書のように、素人でも分かるような説明を、渚という女の子のキャラクターを通して語らせたいと思っているのです。小説自体はミステリが中心ですが、読んだら数学がちょっと分かったと思ってもらえるのが目標です。

▼一冊の小説を書くときには、かなりの冊数の数学書を読んで勉強をするという。

数学熱の波の上下があるのですが、新しい本を十冊くらいは読むことが多いです。ただ、僕は諦めるのがすごく早く、面白そうだけど理解するのに時間がかかるものは、読むのを止めて後回しにしています。最近は「マーティン・ガードナー数学ゲーム全集」(日本評論社)がお気に入りで、ネタ探しに使っています。また、インターネットで数学の題材を探すこともあります。「4さつめ」に出てきた二通りの箱が折れる展開図の話は、上原隆平先生のウェブページに辿り着いたのがきっかけです。[*2]

▼今後取り扱ってみたい題材がいくつかあるという。

ベクトルの内積ってありますよね。あれがいったい何のことか高校の頃からずっと分からず、いまだにうまい説明を思いつけないのです。物理などで、内積を使えばすごく便利なのは分かるのですが、内積の概念そのものをどう理解させるかが、ここ三年ぐらいのテーマです。

次に行列です。僕は文系の数学しかやっていないので、行列が分からないのです。高校三年生の人がやっているぐらいのことが理解できないのですが、面白そうなので勉強し直してみたいです。

あとは、受験数学だけを使った長編を一回やりたいです。塾で働いていた頃に中学受験を担当して思ったのですが、中学受験では難しい問題を、方程式を頑なに使わないで解くじゃないですか。あれはとても面白くて、方程式を使うよりずっと理解力が必要な解き方をしています。それを逆手にとって、方程式を使うと死ぬ村を舞台にしようと考えています[*3]（笑）。

なぜ数学小説が書かれるのか

▼数学ミステリを書くにあたり、数学を題材とする小説も何冊か読んだという。

森博嗣さんの小説は昔から好きだったのですが、小川洋子さんの『博士の愛した数式』（新潮社）や、遠

＊2　数学的な詳細は、『数学セミナー』二〇一二年一一月号「3通りの箱が折れる展開図」（上原隆平）をご覧ください。
＊3　このアイデアは、『浜村渚の計算ノート　8と1/2さつめ　つるかめ家の一族』（講談社文庫、二〇一八年）にて書籍化されている。

藤寛子さんの『算法少女』(ちくま学芸文庫)。あと、これはデビュー後に刊行された作品ですが向井湘吾さんの『お任せ!数学屋さん』(ポプラ社)や、周木律さんの『眼球堂の殺人』(講談社文庫)などを読みました。

▼近年、数学を題材とする小説が増えている。その理由について、青柳氏は次のように分析する。

数学の場合、ほかの分野と比べて、どこかに出掛けてインタビューしたりすることをあまり行わずに済みますから、書く側としては取材がしやすいと思います。本を読んで頭の中で考えるだけで解決することが多いのです。

次に、キャラクターをつくりやすいです。小説ファンは「自分とは違う人」の物語を読みたがるのですが、数学者は存在するだけでキャラクターになるんですよね。また、謎を解く厳密性、論理性は、ミステリに通じるところがあると、みんな考えていると思います。

あと、嫌いだと思っていたものについて「こういう見方がある」と教えられることは、小説の題材として良いのかもしれません。僕の勝手な憶測ですが、小説が好きな人は数学の嫌いな人が多く、「浜村渚」も数学嫌いなファンが多いのです。

▼「浜村渚の計算ノート」シリーズは、青柳氏が書くほかの小説と比べて、女性、とくに女子中高生の読者が多いという。それはどのような理由からなのだろうか。

まず、絵に助けられていると思っています。挿絵を担当している桐野壱《はじめ》さんの絵は、渚が徹底して上目使いのポーズをとっていて、書店に並んでいると目を引きます。実は、最初に単行本(講談社Birth版)を出したときは違っていて、文庫版の一冊目を出すときに上目使いに変わりました[図3-1]。以降、全部そのポーズになりました。

▼また、数学が悪者という構図が女性にウケているのではないかと語る。

僕の妻は数学の本が嫌いなのですが、一年ぐらい前に喧嘩したときに、「あんたの書く小説なんて屁理屈ばかりだ」と言われました(笑)。僕はそれを聞いて納得したのです。本格ミステリというジャンルそのものが「屁理屈を楽しむ文芸」なんですよね。「渚」もそうですし、数学もそういう楽しみ方があると思います。

図3-1『浜村渚の計算ノート』講談社Birth版(右)、講談社文庫版(左)

数学に対してあまり良い思い出のない女性が多い。そこを逆手に取れたのが良かったのではないでしょうか。

数学者を怪人に仕立て上げたい

▼「浜村渚の計算ノート」には、数学者が悪役(テロリスト)として登場する。これには、どのような目的があるのだろうか。

小説を書くきっかけが、「数学は勉強する意味がないのでは?」という問いかけだったので、数学のない世界観を設定する必要がありました。そのためには、数学が迫害されていなければならなかったのです。

▼この世界観を創り上げるために参考にしたのが『バットマン』である。
バットマンの悪役は普通に生活をしていた人間なのに、悲しい事情があって悪いことをせざるを得なくなった。人間としての名前を捨てて怪人としての名前で活動しているのです。そこは、僕の小説に登場する「ドクター・ピタゴラス」などと一緒なんです。本名があって、怪人名もあります。

また怪人は、悪いことをするのですがポリシーもあります。バットマンには「トゥーフェイス」というキャラクターがいて、コインを投げて表が出ないと悪事を働きません。僕の小説の怪人も「数学を裏切れない」というポリシーがあります。
▼大学で数学者の伝記を読んで以降、数学者自身のことに興味を持ち、実在した数学者をモチーフにさまざまな怪人を生み出し続ける青柳氏。まだまだ怪人にしたい数学者はいるという。
ニュートンやチューリングなどには興味があります。売り上げが百万部を超えたら、編集者にお願いして海外へ取材に連れて行ってもらうことが目標です。王立協会やニュートンのリンゴの木などを見に行きたいのです。関孝和などの和算家も取り上げたいです。

数学好きにはミステリ好きが多い

▼数学を好きになる人はミステリ小説も好きになる傾向が強い。その理由について、青柳氏は二人の作家の影響を挙げる。

シャーロック・ホームズに、「ありうべからざることをすべて除去してしまえば、あとに残ったものが、いかにありそうもないと思えても、すなわち真実である」という言葉があるのですが[*4]、まさにそういう考え方が好きなんじゃないでしょうか。また、エラリー・クイーンの影響が強いかなと思います。『ローマ帽子の謎』(創元推理文庫)で「読者への挑戦状」という名の犯人当てを初めてつけた作家なのですが、小説を読んでいくと犯人は論理によって当てることができる。それが数学の問題とちょっと似ているのかなと思います。「こうやって犯人にたどり着いたのだ」というのを読んでいると、たまに赤本の数学の解説を読んでいる気分になります。

▼日本におけるミステリ小説と数学の親和性は、古くからあった。

高木彬光《あきみつ》さんは数学者探偵・神津《かみづ》恭介を生み出しているし、戦後すぐに天城一《あまぎはじめ》さんという数学者[*5]がミステリを書いています。天城一さんの著作は本当に面白いんですよ。ほかのミステリと全然違うのは、ほとんどの情報をそぎ落として余計なものがないのです。東京大学の数学の入試問題は問題文が二行で終わったりするじゃないですか。そんな感じがしました。僕たち本職の作家よりも、『数学セミナー』の読者に面白さが伝わる気がするのでお薦めです。「高天原の犯罪[*6]」は評判が高く、僕もすごく好きなんです。密室トリックそのものが文明の批判になっている。密室にあの時代ならではのメッセージを込

＊4　「緑柱石の宝冠」より。『シャーロック・ホームズの冒険』(アーサー・コナン・ドイル著、創元推理文庫)に所収。
＊5　本名・中村正弘(一九一九 - 二〇〇七)。大阪教育大学に勤めながらミステリを執筆。専門は解析学。
＊6　初出は一九四八(昭和二三)年。『天城一の密室犯罪学教程』(日本評論社)所収。

めるのは、ちょっとしびれるものがあります。

▼現在活躍中のミステリ作家にも数学科出身者が何人かいるという。

『イニシエーション・ラブ』（原書房／文春文庫）を書かれた乾くるみさんは静岡大学の数学科出身です。ただ、乾さんが数学の話をしているのを聞いたことがないんですよね（笑）。また、はやみねかおるさんも数学科出身だったと思います。数学的なネタを直接使っているわけではないのですが、「名探偵夢水清志郎《ゆめみずきよしろう》事件ノート」シリーズ（講談社青い鳥文庫）の中で、主人公の夢水清志郎がロバート・ラングなどの数学の本を読んでいるシーンが何回か登場します。

数学の「アイドルグループ」を作ろう！

▼青柳氏は現在の数学の教育に関して、思うところがあるという。

僕らは、子供心にも「面白い」と思えるような数学を、義務教育であまり習ってきたわけではありませんよね。たとえば「置換」などは、頑張れば中学生でも理解できそうですが、中学校の教科書には載っていません。教育とは人間がつくるものであって、その取捨選択は重要です。

僕は偶然、苦手だった数学にまた興味を持てたのでいろいろなことを知ることができましたが、数学を嫌いになり、あまり使わないで大人になった場合は、数学のことを知らずに一生を過ごすわけじゃないですか。だから、教育のなかで数学の楽しさをもう少し教えられるような枠組みをつくれないかと漠然と考えています。

▼数学にあまり関心のない人たち、数学を嫌いになっている人たちへ向けたアピールは常に重要である。

数学好きな人たちは、「俺たちだけが楽しさを知っている」という感じが好きなのでしょうが、世の中には潜在的に「数学をもっと好きになれた人たち」が多くいると思うのです。そういう人たちへのアピールの仕方については、たとえばバラエティ番組『たけしのコマ大数学科』（フジテレビ）などは面白い方法だと思っていました。[*7]

いちばん実現しやすそうなのは…、数学の「アイドルグループ」ではないかと思います。経済誌などは「数学がブームだ」とよく謳うでしょうが、本当のブームはファッション誌が言うときで、そういうときに嫌いだった人たちが振り向きます。だからアイドルが必要なのです。

▼「浜村渚の数学ノート」シリーズも、苦手だった数学を読者が学び直すきっかけになれば、という想いもあって書かれている。

あのころ分からなかったことが、今になったら分かるかも、みたいなことがあるじゃないですか。子どもの頃は不味いと思っていた食べ物が、大人になったら意外と美味しかった、という感覚で、もう一回数学を始めるというのはありなのではないかと思っています。

*7　二〇〇六〜二〇一三年に放送された教養バラエティ番組。ビートたけし氏が扮する「マス北野」チーム、現役東大生チーム、たけし軍団のメンバー四名で構成される「コマ大数学研究会」チームの三チームが毎回一問ずつ出題される数学の問題に挑む、というもの。

数学に感動している人たちがさまざまな分野にいる

▼数学が好きな人たちへ伝えたいこともある。それは、「数学が好きである」ということに自信と誇りを持ってほしい、ということである。

数学が好きな人が美しい数式を見て「美しい」と感じたときに反応する脳の部分は、芸術家が良い絵画を見て感動するのと同じ部分だと聞いたことがあります。そういう意味でも、数学は人間の感覚に訴えかける刺激なんだと思います。

数学は、「新しい角度からものを見る」ということを教えてくれて、それが人生を開くヒントになることもあると思います。だから、数学を好きでいることはすごく良いことなのだと伝えたいですし、僕は数学好きの人たちを尊敬しています。数学の本を読んでいて、これが分かればもっと面白いのでは、と思うことがたくさんあります。

また、数学の予想に取り組む情熱、自分の思い通りにならないもどかしさ、正しそうなものに反例が見つかったときの感覚など、数学を研究する営みは本当に感動します。あんまり役に立たないじゃないですか（笑）。でも、そういうことこそ称えたいのです。読者のみなさんには、数学を専門にしていない人たちの中にも、数学に感動している人がいることを知っておいて欲しいです。

［二〇一七年三月二〇日談］

青柳碧人

あおやぎ・あいと

1980年、千葉県生まれ。早稲田大学教育学部を卒業後、学習塾にて学習指導をする傍ら小説を執筆し、『浜村渚の計算ノート』で第3回「講談社Birth」小説部門を受賞。以降、小説家として活躍する。最新刊は『怪談青柳屋敷』(双葉文庫)。

4 からくりと三進法と漸化式

岩原宏志氏にきく（からくり箱職人）

からくり箱で遊んだことはあるだろうか。箱根・小田原地方で伝統的に作られてきた、一筋縄では開かない木製の箱「秘密箱」を源流に発展してきたもので、職人たちが知恵と技術を注ぎ込み独創的な仕掛けを施した箱だ。その中でもとりわけ数学的な気配をまとった作品群を作る職人が、岩原宏志氏である。本章では、その岩原氏に、数学の関係する作品のことや、職人になるまでの経緯などを伺った。

驚きの作品群

▼岩原氏の代表作が「三進法の箱」〔図4-1〕だ。

立方体の各面が動いて最後に蓋が取れるのですが、一つの面が動くと、別の面が半分だけ動く。最初の面を戻すと、その別の面が完全に開く。そういう具合に、行ったり来たりしながら動かしていくと、三二四回の操作で蓋が開きます。各面の開く量が三段階なので、閉まっているのを〇、半分開いたのを一、完全に開いたのを二に対応させて、開く過程に応じた数列を作ると、三進法に対応した数列となります。[*1]

操作回数が多いので、製作方法が未確立のころは大変でした。完成時にはすべての面が開いていて、閉めないと売れない。欲張って五〇個も作った上に、閉め慣れていないので迷い、手が腱鞘炎になりかけました。何度も製作するなかでいろいろな工夫をして、作る時間を徐々に短縮できるようになりました。

図4-1　3進法の箱（開いたところ）

その後、「四進法の箱」も作りました。蓋が開くまでに一五三六回かかります。また、六面の代わりに仕掛け三つを使い、上面を透明にした「分かりやすい二進法の引出《ひきだし》」、……、「分かりやすい五進法の引出」も製作しました［図4-2、次ページ］。仕組みを分かりやすく目に見えるようにしたものです。「三つ」は、動きが楽しめるだろう最小の数です。

＊1　000000から222222までの$3^6 = 729$項。開くまでの回数324と一致しないのは、ある面が0から2まで一気に動くのを一回と数えていることなどによる。

▼似たような複雑さをもつのが「水瓶座の引出」「水瓶座の引出二」〔図4-3〕だ。水瓶座のシンボルマークに似た形なのでそう名付けられたという。

五本の仕掛けが絡み合って動き、最後の引出までに、「水瓶座の引出」は六一回、その発展版「水瓶座の引出二」は二四一回かかります。大変面倒くさい（笑）。でも、さらに仕掛けを増やしても面白そうです。原理を見ると、五番目の仕掛けにかかる手数が四番目に累積し、四番目の手数は三番目に、ということが繰り返されています。漸化式できれいに計算できるではないか！ いつぞや学んだ数学の出番で

上｜図4-2　分かりやすい5進法の引出
下｜図4-3　水瓶座の引出2

図4-4　記憶の引出（左は内部の様子）

す。計算してみると、「水瓶座の引出」は仕掛けが十個で二千回を超えるようでした。でも、職人は作ることが「証明」だとすると、まだ証明できていません（笑）。

同じ原理をもつ立方体の「5×5×5」も作りました。一二五回で開きます。説明に「本当は2^7-3です」と書きました。漸化式を解いた一般項がその形だったからなのですが、意図が分かってもらえたかどうかは不明です。また、その仕組みを探る論文のようなものも書きました。[*2] 職人仲間からは「仕事しろ！」と言われそうですが、面白いのです。「三進法の箱」と同様に、今後は、仕掛けが見えるものなども作りたいですが、時間が足りません。

▼「記憶の引出」［図4-4］は、仕掛けの意図はとても分かりやすいが、アナログで実現したのが驚きの作品だ。

＊2　「遊びの論文」としてウェブサイトに公開されている。https://www.hiroshiiwahara.com/papers/

図4-5　菱形12面体の箱（開いたところ）

「記憶の引出」は、閉めた順番を記憶する箱です。五つの引出すべてが開いた状態から、好きな順番で閉めていくと、その逆の順番でしか開かなくなります。5×4×3×2＝120パターンすべてを記憶するのが売りでした。溝を彫ったアクリル板が二五枚入っており、引出を出し入れするとその溝をピンが動き、全体の動きを作り出します。作るのに半年くらいかかってしまいました。これでは食べていけない。仕掛けが四つなら、ずいぶん作りやすかったでしょう。でもそれだと記憶容量は二四通りしかありません。「百を超えたい！」と、実力以上のことをやってしまったようです。いつか、作りやすく楽しみやすい形にして、改めて商品化したいです。

▼形自体が数学的に面白い作品も作られている。

「菱形12面体の箱」［図4-5］は、既知の多面体を利用した秘密箱です。『多面体の折紙』（日本評論社）の著者、川村みゆきさんが、からくり創作研究会で開催した講演会に来てくれたのを機に考案しました。十二の面が一回ずつ動いて蓋が開きます。これだけでも結構反響がもらえました。これが私のからくり箱第一作です。今から見れば、これも力量以上のことをやっています。あらゆる加工に小数点の付く角度が必要となり、想像以上に大変でした。しかも、木の収縮の管理が甘く、最初はぴったり合わせた部分に、後から隙間ができてしまいました。そのまま作り続けるかどうか悩み、断腸の思いで処分した覚えがあります。百万円の壺に罅《ひび》が入って、それを割る陶芸家のような気分でした。また、それを球体化した作品も作り、こちらはより人気となりました。

後に、斜方立方八面体とミラーの立体をもとにした作品も作りました。今後も、この多面体だからこそこのからくりが作れる、というアイデアがあれば、また作りたいと思います。

楽しみ方を提示するためのからくり

▼このような作品のアイデアはどのように生まれるのだろうか。

アイデアの考え方は職人ごとにさまざまですが、私の場合は、論理や構造の面白さから出発します。設計の段階でも、仕掛けを先に考えます。まず作りたいからくりがあり、それに合わせて、どうしたら実現できるのか、ちょうどいい形がないか、と考えます。その流れが、自分の思考回路に合っているのです。

寝ているときにも、よくからくりを考えます。放っておいても頭が勝手に考えていて、「あ、できた！」となったこともあります。「連動型」というシリーズで、最も効率的な新作の考案でした(笑)。今後、もっと分かりやすく、改めて表現し直したい作品の一つです。

図4-6 「3進法の箱」の数列の表。本文中の「チャート」は、図4-2の背景に写っているもの。

ＡＢＣ予想など、ニュースや書籍になるような大研究には、純粋に憧れてしまいます。素粒子論や新しい経済理論でもそうです。「三進法の箱」や「遊びの論文」のように、何かテーマとしていた仕事が完成したときは、大研究でも成し遂げたような気分です。創作の醍醐味かも知れません。新作作りは、どんな価値を生み出せるかを模索するという点で、論文を書くのと似ているところがあるとも勝手ながら思っています。

▼岩原氏の作品には複雑な構造をもつものが多いが、たんに複雑なだけではなく、アイデアを分かりやすく見せたいという意図が込められている。

作品作りには「楽しみ方を提示する」という感覚があります。コアなファンの方からは、「もっと凝った作品を」という要望がありますが、一方で、二進法と聞いただけで「厄介」と感じる方もいます。「三進法の箱」や「記憶の引出」は、自分のやりたいことの真ん中でもありますが、一般向けとは言えないでしょう。

まずは理屈そのものを表現する作品を作りますが、一方で、その要素を含みつつ、それを親しみやすく表現した作品も作りたい。比較的高度な仕組みをもちつつ多くの人が楽しめる、その両立がテーマです。

▼購入者からのフィードバックによって、面白い成果が得られることもある。

あるとき、「三進法の箱」を途中まで開けたお客さんから「迷ってしまった」と問い合わせを受けました。絵付きの解答は長くて作れず、三三二四行ある六桁の数列の表［図4-6］を添付していたのですが、これでは分からない。そんなこともあり、いま何手目かを判定するチャートを作りました。この面は一センチメートル開いている、この面は二センチメートル開いている、といった情報から、現在の位置が分かります。さらに絵付きの解答図も作り、やっと役立つ解答書群ができました。今の職人はチャートも作るのです(笑)。チャートだけでも、「こういう仕組みなんだ」と感じてもらえるかもしれません。

ドロップアウトして出合った世界

▼数学やパズルへの興味には父親の影響があるという。

小学校のときは図画工作や算数が好きでした。中学校では図形や証明問題が大好きで、授業で真っ先に手を挙げていました。空気を読めていなかった気がします(笑)。

父親が数学の高校教師で、数学的なものは身近にありました。私が小学生のころだったか、MZ-2200というパソコンでπの値を長く計算して、「このパソコンではこれが精いっぱいだ」などと言いながら、何ページも出力したものを台所に持ち込んだりしていました。結構な計算だったと思うのですが、興味を示すのは私くらいで、姉妹からは「お父さん、またそんなの持ってきて、お母さんがごはんの準備で大変なのに!」と一蹴されていました(笑)。ルービックキューブやチャイニーズリングも父親から与えられ、夢中で解きました。私の場合は、Aha!パズルである必要はなく、仕組みを考えることそのものが好きでした。

チャイニーズリングは、後に読んだ秋山(久義)さんのパズルの本で、手数を表す計算があると少しだけ紹介されていました。漸化式で解けるのはすごいと思い、遠い記憶とネットを頼りに解いてみると、止まらなくなりました。その後「水瓶座の引出」を作ったときには、「まるで漸化式で解くための仕組みだ」と感じました。こんな感覚の原点には、子供時代に触れたチャイニーズリングがあるのかもしれません。その仕組みを解明して和算家となった偉人もいるそうですが、本当に影響の大きい作品です。

▼大学は土木系の学科に進む。

当時、埼玉大学の二次試験は数学と物理だけで、英語がありませんでした。おそらくそれもあり、滑り込んでしまいました。しかし入学後は、さまざまなやりたいことで頭がいっぱいになり、教授には申し訳ないですが、いい学生ではありませんでした。

高校生のときに、巨大な橋に憧れて建設系に行ったのですが、土建会社で働くことを、リアルに想像できていませんでした。一握りの天才でないと、作品を作るような感覚を込めて巨大な構造物を設計するようなことはできない、といったことを考えて、土建会社で働く考えはなくなってしまいました。完全に「ドロップアウト」という認識がありました。それまで少しは勉強してきたことなど、自分を助けてくれるものが何もなくなってしまった、という思いでした。食べていくために、何の当ても、経験もありません。好きなことで食べていくには、高いハードルが伴うと、覚悟しました。広い視野もない当時は、修行僧にでもなるような感覚でいました。

杜氏や宮大工にも憧れましたが、家具職人の道を考えました。木工の職業訓練校は学費が安く、青春18きっぷで木工の学校を五箇所見学に行って、美しい家具を作っている「中央民芸」という会社がある松本市の訓練校を選びました。そこで家具作りを勉強しながら、木工所に見学に行くなどし、家具で好きなものを作って食べていく可能性を模索しました。

ところが、真剣に模索して、訓練校での体験も経て、自分の中で「これも難しい」ということになってしまいました。量産型の大きい家具工場はありましたが、自分の作品作りへの道筋は見えません。当時は、自分なりの家具を作って食べていくのに大事な点は、デザイン性だと考えました。しかし、例えば會見仁さんの作品を見て、アーティスティックで凄いと思うと同時に、デザインでやっていけるのはこういう人だと、勝手に打ちのめされてしまいました。

▼家具職人の訓練の途中で、からくりに出合うことになる。

訓練校の先生がからくりを紹介してくれて、「こんな世界があるのか」と驚きました。もともと、木工で、高品質なもの・特殊なものを作りたいという思いはありましたが、さらに理屈っぽさ・数学という要素もある。私の中では三拍子揃ってしまいました。三角形の合同が三つの要素で証明されるような感覚、と言って分かってもらえるでしょうか（笑）。

すぐに小田原の亀井（明夫氏、のちの岩原氏の親方）を訪問しました。「君はややこしいのが好きそうだな」と言って見せてくれたのが、「CUBI」という作品です。六面が二進法の仕組みで動きます。図面も渡してくれました。本人が作るための図面なので、すべてを説明してくれてはいませんが、帰りの電車で、食い入るように見て理解を試みました。その後、訓練校の寮で、厚みの一定なイラストボードで作品を再現しました。すると、ちゃんと三二回で開く。このようなものを作りたい、という思いが湧いてきました。

▼この思いが結実したのが、冒頭に紹介した「三進法の箱」であった。

「CUBI」の各面を真ん中で止まるようにしたらどうなるかと発想したのが「三進法の箱」です。高回数を目指したわけではありませんでした。しかし、作ってみないと本当にできるか分からない。ショートカットができて、ものにならないかも知れない。それで、実際に作って確かめました。時間はかかりましたが、期待通りの動きをしました。大発見をした気分です。先輩の職人は感心してもくれましたが、「難しすぎて売れるのか?」との声も聞きました。結果的には、高価な作品であるにも関わらず人気となり、二〇年も作り続けています。知的なもので遊びたいという要望があるのを感じます。展示会で小学生が一時間かけて開けてくれたりすると、嬉しくなります。

家具の会社に入ったとして、「自分の作品を作りたい」などと言えば「何言ってるんだ！」と一喝されて終わりだったでしょう。その点からくりでは、逆に「新作を作れ」と言われるのは嬉しいことです。こうして新作を作る理由を改めて考えると、作品の原理が漸化式で読み解けると気付いたときのように、その論理を解明することが自分で楽しく、それを表現したいと思うからです。その楽しさを一緒に感じてもらえればと思います。

▼岩原氏はいまでも、小学校のころに好きだった算数と図画工作に関わる仕事をしていることになる。
ドロップアウトしたときには、職人の世界は、おそらく技術がすべて、プライドのせめぎあいで、これまでの勉強・学問はもう助けてくれない、そんなイメージばかりがありました。しかしいまでは、結局はこういう理論的な作品を多く作っています。私は、残念ながら数学も上級者にはなっていませんが、それでも数理的なものは好きで、からくりというジャンルの中で、またそこに戻ってきたような感じがします。

やってきたことは役立てられる、ということでしょうか。英語も、上級者ではなくとも、海外のお客さんを箱根に案内することはできます。また、箱根・小田原地方のからくり細工の歴史を掘り起こす本を作ったのですが、ネイティブチェック前までは英語部分を書くこともでき、からくりの世界を広めることにつながります。勉強したことは、あらゆることは役立てられる。若い人にはそんなことも伝えたいです。

［二〇二一年三月二二日談］

岩原宏志

いわはら・ひろし

1973年、福島県二本松市生まれ。からくり細工職人。1999年、からくり箱作家・亀井明夫のもとでからくり細工を作り始める。新しいからくりを作る職人グループ「からくり創作研究会」の一員として創作を続ける。

5

株式会社精興社・数式組版チームにきく

数式はいかに組まれるか

数学には数式が欠かせないが、その数式を印刷所で組版《くみはん》するには、通常の文章とは異なる特殊な技術が必要になる。本章では、数式の組版を行っている技術者にご登場いただく。お話しいただくのは、印刷会社・精興社の数式組版チームの山本邦央《くにお》氏・平野圭子《けいこ》氏・橋本保志《やすし》氏。精興社は古くから数式組版に定評があり、『数学セミナー』の組版も長年担当している。数式組版の様子ややりがいなどを、現場の方ならではの言葉で語っていただいた。

数式組版の流れ

▼例えば、『数学セミナー』の編集においては、著者から完成原稿をいただいたのち、原稿の電子データ（大半は

組版ソフトTeXの形式になっている）と、組版に関する指示書（「指定」）を精興社に送る［図5-1］。これが「入稿」である。それをもとに精興社で組版が行われ、校正刷り（いわゆる「初校ゲラ」）が編集部に送られてくる。それを編集部と著者とでチェックし、修正指示（「赤字」）を書き入れて精興社に戻す。その後、修正を反映した校正刷り（「再校ゲラ」）が作られ、必要ならさらなる何度かの往復ののち、校了となる。このさいの精興社での作業はどのようなものだろう。

山本　お預かりしたデータはまず、モリサワの組版・レイアウトソフト[*1]「MC-Smart」の内部データに変換します。MC-Smartに付属する「ワードリプレイサー」という自動変換機能を使って、数字の全角・半角を統一したり、数式の部分をコードに置き換えたりしたあと、自動で変換しきれなかったところを手作業で「エディタ処理」して、より完成度の高い形に直します。私の感覚では、最初の変換での完成度は一〇％〜二〇％で、内部データにはほとんど置き換わりませんが、続く手作業で八〇％〜九〇％になります。

平野　ワードリプレイサーは一分もせずに変換できるのですが、エディタ処理はけっこう時間がかかります。ワードリプレイサーで対応できていない数式の内部のアキなどを見つけてエディタで細かく直します。最近はあまり苦労せずにできるようになってきましたが、単独数式[*2]が少なくても、文章の中に細かい数式がたくさんあると大変です。

山本　そのあとレイアウトをします。組版結果をプレビューする画面で、行間や数式の微調整、画像配置などまで行って、ゲラが出せる状態にまで持っていきます［図5-2、068ページ］。

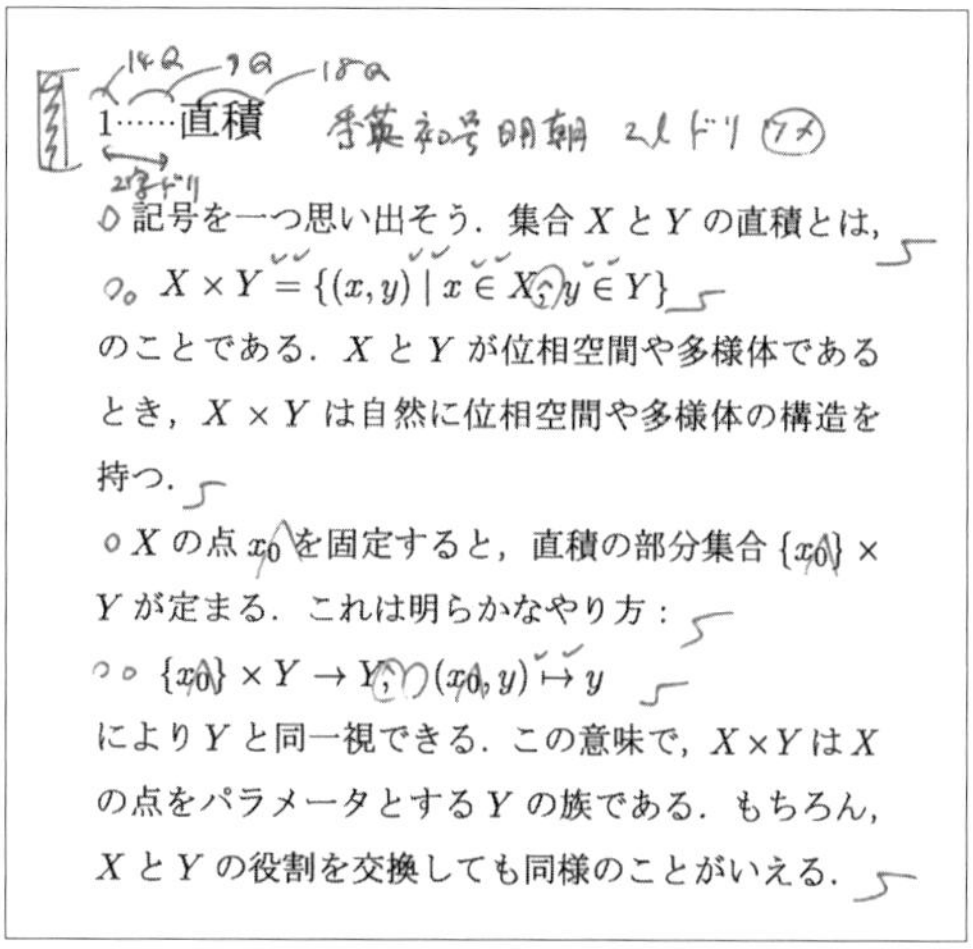

1……直積

記号を一つ思い出そう．集合 X と Y の直積とは，

$$X \times Y = \{(x, y) \mid x \in X, y \in Y\}$$

のことである．X と Y が位相空間や多様体であるとき，$X \times Y$ は自然に位相空間や多様体の構造を持つ．

X の点 x_0 を固定すると，直積の部分集合 $\{x_0\} \times Y$ が定まる．これは明らかなやり方：

$$\{x_0\} \times Y \to Y, \quad (x_0, y) \mapsto y$$

により Y と同一視できる．この意味で，$X \times Y$ は X の点をパラメータとする Y の族である．もちろん，X と Y の役割を交換しても同様のことがいえる．

```
¥section{直積}↓
記号を一つ思い出そう．集合$X$と$Y$の直積とは，↓
¥[↓
X¥times␣Y␣=␣¥{␣(x,y)␣¥mid␣x¥in␣X,¥;␣y¥in␣Y␣¥}↓
¥]↓
のことである．$X$と$Y$が位相空間や多様体であるとき，$X¥times␣Y$は自然に位相空間
や多様体の構造を持つ．↓
↓
$X$の点$x_0$を固定すると，直積の部分集合$¥{␣x_0␣¥}␣¥times␣Y$が定まる．これは明ら
かなやり方：↓
¥[↓
¥{␣x_0¥}␣¥times␣Y␣¥to␣Y,␣¥quad␣(x_0,y)␣¥mapsto␣y↓
¥]↓
により$Y$と同一視できる．この意味で，$X¥times␣Y$は$X$の点をパラメータとする$Y$の
族である．もちろん，$X$と$Y$の役割を交換しても同様のことがいえる．↓
```

図5-1　編集部から印刷所に入稿される「指定」とTeXデータ。『数学セミナー』2018年12月号の特集記事「ファイバー束」の一部分。

＊1　株式会社モリサワ。組版ソフトやDTP用のフォントを手がけるメーカー。

＊2　本文を改行して、単独で一行に組む数式。図5-1上の三行目や九行目にもあるとおり、『数学セミナー』においては行頭から二字下げて組まれている。

平野　この工程では、数式が行の中に収まらずにバラけたり[*3]するのも整えています。

▼記号の間のスペースなどは、エディタで整えたデータの組版結果をプレビューして、そちらで修正することもできるが、実際はエディタ上で、数式の組版結果を「頭の中でイメージして」作業しているという。それにより迅速に組版が行われている。

平野　「もうできちゃったんですか」と言われたいところがありますね、言われると嬉しくなって、調

図5-2　MC-Smartにおいて内部データの「エディタ処理」が行われる画面と、それをプレビューした様子。

子に乗って失敗してしまうのですが（笑）。

▼精興社では組版後、編集部から送った指定のとおりにゲラが組まれているかをチェックする、「校正（内《うち》校正）」の工程がある。橋本氏は、数式専属の校正者（当時）だ。

橋本　私が『数セミ』の校正に関わったのは、まだ制作部の管理職だった十数年前だったと思います。以前、編集部からの組版に関するご要望がゲラに反映されていなかったことがあり、「これはいけない」と思って、ときどき現場に行って校正ゲラを見るようになりました。初めは仕事を横から受け取りながらやっていたのですが、いつの間にか『数セミ』の担当者になってしまったというわけです。還暦で定年になったときに、数式の専属の校正を引き受けるようになり、今に至っています。

　校正に携わったばかりのころは、数式に関して編集部からどういう赤字が入ってきたのかをすべてチェックし、メモをファイルしていました。今でもそのファイルを参照しながら校正作業をしています［図5-3］。

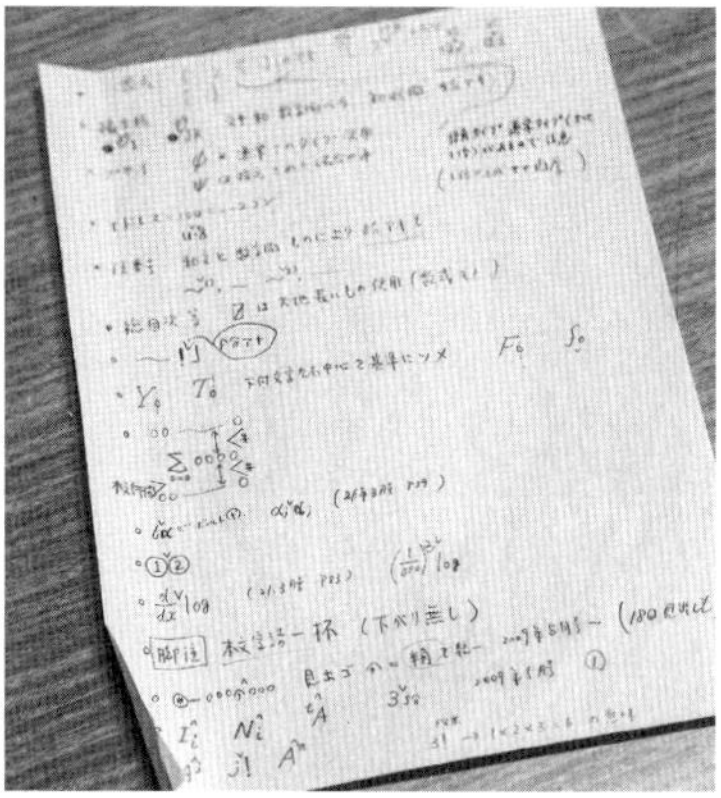

図5-3　橋本氏の数式組版に関するメモの一部。厚いファイルにまとめられて管理されている。

＊3　長い数式が文中に現れる場合、その位置によっては、和文の字間が極端に広く空いて「バラけて」しまい、改行位置の調整が必要になる。

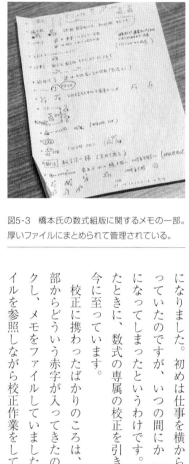

図5-4　精興社に保存されている活字棚と活字。数式活字も残っている。

『数セミ』組版の歴史

▼『数学セミナー』の組版は、創刊号から精興社で行われている。当時は、鉛の活字を長方形の枠内に並べてハンコのようなものを作り、それにより印刷を行う「活版印刷」であった［図5-4］。数式ももちろん活字を使って組み立てられた。いまのDTP[*4]による数式組版からは想像もつかない苦労があったはずである。

橋本　活版時代には数式を専門に組んでいるひとがおり、そのひとは一年を通じてずっと数式を組んでいました。活版では、単純な分数を組むときでも、いちいちその分数の罫を作るためにアルミの板を裁断して間に入れる。しかも分数は行間に飛び出すので、インテルやクワタ[*5]などを詰め込み隙間なく組んでいくという作業が必要になります。

　また、ハンパアキ[*6]の処理に神経を使いました。一行一行すべて文字の間の隙間を埋めていかないといけない。通常、八分《ぶん》または六分[*7]のクワタで字間を割っていきます。それ以下のハンパには、差紙《さがみ》という紙を何種類か用意しておいて、それを差し込んでいく。手間がかかりました。
▼活版で組まれた『数学セミナー』最後の号は一九八八年五月号である。一九八八年六月号からは、電算写植と呼ばれる組版方法に移行した。写植に詳しい営業担当の取締役・小野克之氏(当時)はこう語る。
小野　写研[*8]の「バッチ式」と言われていた機械が初めに使われました[図5-5、次ページ]。「組版ファンクション」というコードを入力して、いまのエディタ処理と同じように数式を組み上げていきます。これは扱うのが難しい機械で、コードと文字の羅列を打っている間は、組版の結果がまったく見えない。最終的に、組み処理をする機械にかけてゲラが出て初めて組み上がりがわかります。正直なところ「あれでよく数式を組んでいたな」と思います。
その後、同じ写研から、組んだ結果が画面上で見られる機械が出て、そちらに移行しました。入力には普通のJISキーボードを使い、数式に必要なコマンドはマウスでクリックしていきます。十五年く

＊4　デスクトップ・パブリッシング。パソコンを使って行われる組版。
＊5　活版印刷で使われた、空白用の鉛の板。行間などに用いるのがインテル、行内で文字と文字の間に用いるのがクワタ。
＊6　数式や欧文が入り交じる文章では、文字の幅が均一にならないので、行末をきれいに揃えて組むために、文字の間に適切にスペースを入れなければならない。このスペースを「ハンパアキ」と呼んでいる。
＊7　全角幅のn分の1の長さをn分という。
＊8　株式会社写研。写真植字機の開発や書体制作を行っていたメーカー。

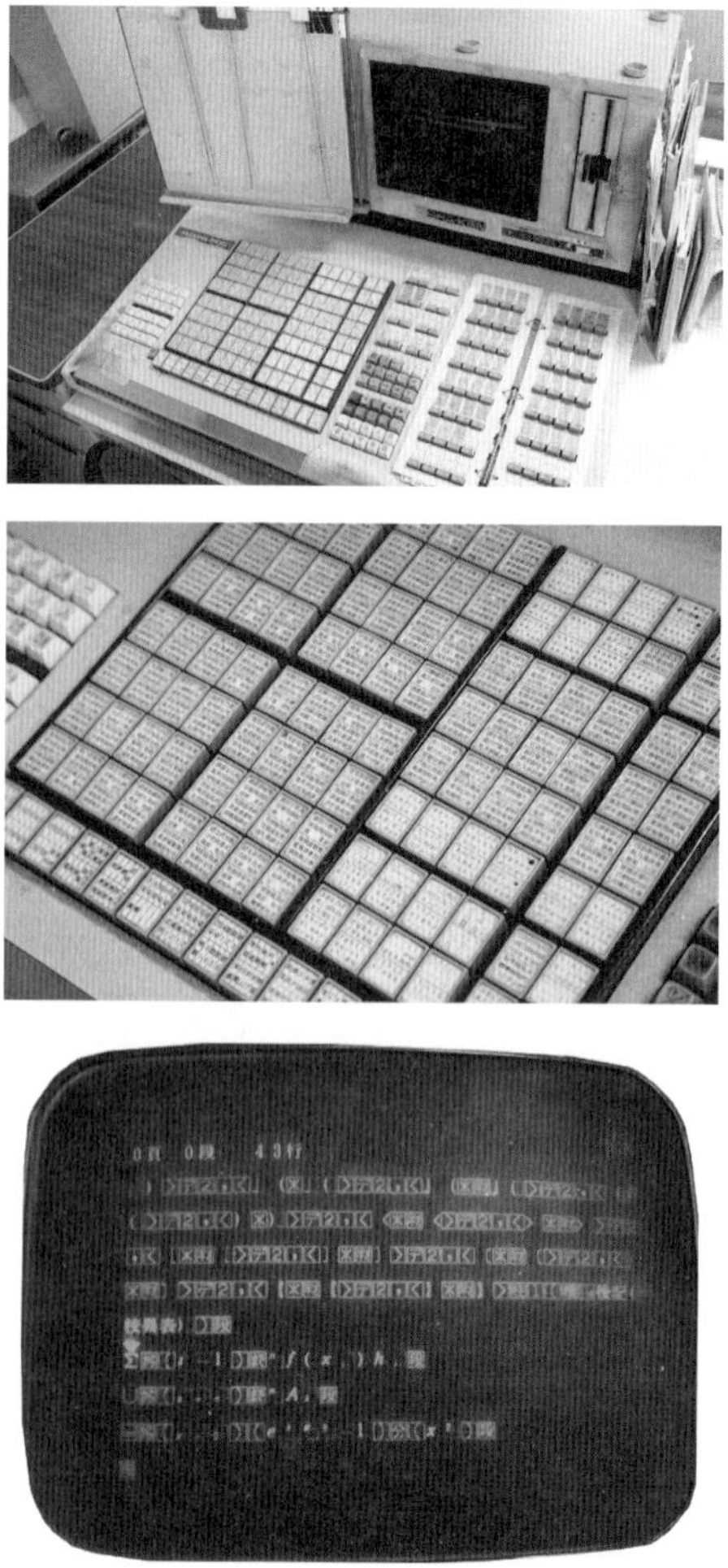

図5-5　写研の「バッチ式」電算写植機。

らいその機械を使っていました。

▼二〇〇八年一一月号からは組版方法がDTPへと替わった。切り替えにさいして、どのソフトを採用するかが検討されたが、そのさいも数式には苦労したという。

小野　数式に強いソフトを比較して検討したのですが、モリサワの「MC-B2」は画像が不安定で採用できなかったり、他社のものは重くて動作が悪かったり。TeXも検討したのですが、ノウハウが少なく、これまでのような数式組版はやりにくかったので、最初から除外しました。そのため、数式だけはDTPに切り替えるのが遅れてしまいました。検討開始から二年くらい経ったところでMC-B2を再検討したところ、バージョンが上がっていて、これならいけそうだと判断し、それに切り替えました。その後、それがMC-Smartに置き換わり、今に至っています［図5-6］。

図5-6　MC-Smartのプレビュー画面での組版作業の様子。

写研からMC-B2に変わるときには、白ボールド[*9]など必要な記号がなかったり、記号の位置のバランスが悪かったりしたことも問題になりました。テストした結果をモリサワにフィードバックして直してもらったこともありますし、こちらで外字を作ったこともありました。編集部のみなさんと相談して、画面と顔を突き合わせて、本当に細かいところまで詰めていきました。

山本　移行にさいして、品質が落ちて「やっぱりDTPはこのレベルか」と言われるのは嫌だったので、品質を維持するのには苦労しました。

＊9　ℝなどのいわゆる「黒板書体」を、編集部と精興社では「白ボールド」と呼び慣わしている。

数式が組める技術とやりがい

▼精興社には、数式組版の長年の伝統とノウハウ、プライドがある。

小野　活版の時代、印刷所にとっては、数式が組めるということが技術力を誇示するためのツールでした。あるベルギーの印刷所の玄関を入ると、ガラス張りの棚に数式を組んだ版が置いてある。「これだけ組めるのだから、うちの会社の技術力はすごいんだぞ」ということでしょう。小社は基本的に版をとっておかないのですが、いま思えば数式をとっておけばよかったと感じます［図5-7］。

数式がきちんと組める会社が減っているなかで、現場の人達がしっかり組んでくれているというのは、営業としてはとてもやりやすい。しかも月刊誌でそれが示せるというのは大きなことです。この間も、ある出版社の編集者さんが『数セミ』の愛読者で、自分が担当する本を『数セミ』と同じ組版でやってくださいと言ってくれました。嬉しいですね。

▼組版を行う部署である制作部の木村仁志副部長は、数式組版を担えるオペレーターには特質があると語る。

木村　小社には現在、組版オペレーターが四〇名近くいるのですが、数式はそのなかの決められたひとにしか組ませていません。精度であったり几帳面さであったり、オペレーターの質を見て所属長が決めることになっていて、やりたいと言ってやれるものではないのです。いまは山本・平野の二名と、補助をするものが三名いて、それ以外のものにはさせていません。二名が選ばれたのも、日頃の作業の几帳面さや品質のためだと思います。

橋本　数式となると片手間ではできない内容で、細かいところまで組み方を説明したと思っても、どうしても網羅できない。だから専属のオペレーターと専属の校正でやらざるをえない。校正はいまは私がやっていますが、いずれはバトンタッチする人間を育てないといけないと思って、マニュアルを作っているところです。

▼数式組版に携わるスタッフは、数式を理解しているわけではない。

における 2 乗可積分函数の全体を $L^2(S)$ と書く. $L^2(S)$ は内積

$$(f, g) = \int_{-\pi}^{\pi} f(x)\overline{g(x)}dx$$

によりヒルベルト空間となる. 実際, §1 においてそれが**完備**（⇔ すべてのコーシー列が収束する）となるこ

をみたす, $\boldsymbol{R}^n$ 上の複素数値可測関数 f の全体を, $L^2(\boldsymbol{R}^n, dx)$ とし, $f, g \in L^2(\boldsymbol{R}^n, dx)$ の内積を

$$(f, g) = \int_{\boldsymbol{R}^n} f(x)\overline{g(x)}dx$$

によって定義する. このとき, $L^2(\boldsymbol{R}^n, dx)$ はヒルベルト空間になる. このヒルベルト空間は, 偏微分方程式

り, ベクトル空間となる. このベクトル空間の次元は無限次元である. 積分を用いて内積を

$$(f, g) = \int_a^b f(x)\overline{g(x)}\,dx \qquad (2.6)$$

と定義すると $C([a, b])$ は内積空間となる. ノルムは

図5-7『数学セミナー』の数式組版の変遷。順に活版(1981年1月号)、電算写植(1988年11月号)、DTP(2012年12月号)。

山本　数式をわかってあげられていない、まったくの素人なので、行をまたぐときに数式がどこで切れていいのかもちんぷんかんぷんです。とんでもないところで切れてしまって、校正から指摘を受けたりしています。

正直に言うと、数式は図形として見てしまっています。まったく理解できないので、分数の形、上付きの上付き、インテグラルなどを、ほぼ図形として捉えています。たいへん申し訳ない（笑）。組んでいて印象的な数式は行列です。組み上げるのが大変なものほど記憶に残ります。

橋本　数式の校正をしていると、シグマやインテグラルがのべつ出てきますね。インテグラルは、高校時代に習った記憶がなく、どういうふうに使うのかはわからないのですが、滑らかな線が好きです。

▼活版時代に唯一、仕事で数学が役に立ったことがあるという。

橋本　罫線表[*10]のなかに、斜線が出てくることがありますね。枠の角から角までを結ぶ線です。活版ではその線もすべてアナログで、罫線となるアルミ板を裁断して作っていました。初めは、クワタの長さと比較して罫線を裁断していたのですが、そんなことはせずに、三平方の定理、$a^2+b^2=c^2$を当てはめればぴったりできるのではないか、と思いつきました。当時は電卓が出始めたころで、これでやれば簡単だと。ただし、罫線の厚みがあるので、出た答えから一ポ[*11]くらい短くするとすっぽり斜線にあてはまる。いちいちクワタを当てなくても斜線の長さが計算で出せるようになった。みんながやっていないときにそういう発想でできたということが、自分の中では画期的でした。

▼最後に、数式組版のおもしろさを伺った。

山本　営業の者や所属長を通じて、編集部に喜んでいただけているということが伝わってきているので、技術屋としてはやりがいを感じます。数学の方々にも喜んでいただける組版ができているのであれば、モチベーションになります。

平野　エディタ処理をした結果からきれいに数式が組まれると、やりがいというか、嬉しい気持ちになります。また、著者の先生によっては、パレット[*12]にない記号を使ってこられますが、その記号を作字して組んだあと、ゲラが戻ってきたときに赤字が入っていないと、「あ、いいんだこれで」「私やっちゃったかな」と嬉しくなります。

橋本　『数セミ』の文章は、校正時にタイトルから記事末尾の著者名まで一〇〇％文字を追っているのですが、誌面で「数式に関して、いつもきれいな仕事をしてくれていて感激している」というような著者の先生の言葉を見かけたことがありました。いつも、記号と記号の間を〇・五歯[*13]空けたりと、細かい作業を行っていますが、「それを見てくれているひとがいるんだな」とやりがいを感じます。やっていてよかったと思いました。

［二〇一八年一〇月三一日談］

＊10　罫線を引いて要素を仕切った表。

＊11　ポ（ポイント）は出版・印刷業で用いられる長さの単位。約〇・三五ミリメートル。

＊12　エディタに数式のコードを入力していくさいに参照する、数学記号のリスト。一般的な数学記号しか用意されていないので、足りない場合は「作字」する必要がある。

＊13　歯（H）は出版・印刷業で用いられる長さの単位。一歯は〇・二五ミリメートル。

株式会社 精興社

かぶしきがいしゃ・せいこうしゃ

1913年創業。創業100年を超える老舗印刷会社。活版印刷の時代に開発された「精興社書体」は門外不出のオリジナル明朝書体として知られ、美しさ、読みやすさに定評がある。DTP組版になった現在でも、『数学セミナー』をはじめ多くの書籍で好んで使われている。

6

数学を楽しく考えてくれるだけで

松野陽一郎氏にきく（学校教員、開成中学校・高等学校）

本章では、数学に関わる職業の代表格とも言うべき数学教師である、開成中学校・高等学校教諭の松野陽一郎氏にご登場いただく。『プロの数学』（東京図書）、『記述式答案の書き方』（嵜山理史氏との共著、旺文社）など執筆活動でも活躍する氏であるが、どのような思いをもって数学を教えられているのだろうか。

大学院を出て教員に

▼学生時代は京都大学で数学を学んでいた。

学部時代に表現論に興味をもって、四年生の数学講究（セミナー）では、野村隆昭先生（故人）と梅田亨先生（現・大阪公立大学）が担当されていた調和解析と、神保道夫先生（現・京都大学・東京大学名誉教授）の担当だった数理物理学・代数解析という、表現論に関係するふたつをとりました。大学院では神保先生のほうにお世話になりました。

神保先生のお話はいつも、よく考えてきちんと準備されていて、明晰でした。ご自分がわかっていること・わかっていないことをきちんと分けておられること、そして、わかっていることに責任をもって、どう言えば我々が理解できるか深く考えた上で話されていることが、とても強く感じられました。神保先生ほどの方がこれほど誠実であるという事実を目の当たりにして、ああ私もきちんとしなければならないなあ、と痛感したものです。

▼修士二年のときに就職することを決める。

大学院に入ってみると、先輩や先生方がすごすぎて、こうでないと研究者になれないのかと思いました。今考えてみるとそうではなかったとも思えますが、当時は、博士に行っても自分は大したことができないだろうなと感じました。周りのひとたちは、この問題を解決してやろうとか、自分の理論を打ち立ててやろうとか熱く考えていたのですが、自分は知識があって神保先生のところに行ったわけではなかったので、「これをやってやる」といった思いもありませんでした。修士二年のときに、修士をとったら就職しようかなと思って、数学科に来ていた教員募集の案内を見に行ったら、東京からは開成だけ募集が来ていました。関東に戻ろうとも考えていたので開成に応募したところ、幸い受け入れてもらえました。

▼教育への興味自体は以前からもっていたという。

実はその前から、一〇〇％ではありませんでしたが教員になる道も考えてはいたのです。教員になるにしても、自分で研究した経験があったほうがいいだろうと思っていました。

思い返すと、数学教育に関心をもつきっかけは本でした。子どものころから数学に限らずいろいろな本を読んでいましたが、中学校の図書室にあった遠山啓先生の『数学の広場』（ほるぷ出版）がすごく面白かった。子供五人くらいのキャラクターと仙人みたいな先生との会話で進んでいく本で、ふつうの中学生・高校生はやらないような、一次合同式の解き方や、準正多面体の分類なども書いてあります。この本を読むと「数学って面白いな」と思うのが普通なのでしょうが、私はそのとき「数学でいろいろなことを喋れるなんて、何て面白いんだ」と思ったのです。この思いが今に至るまでずっとあります。また、高校生か大学生のころに読んだ二冊の本『新・高校数学外伝』『新しい高校数学の展望』（いずれも「数学セミナー・リーディングス」）にも大きな影響を受けました。数学のことを面白く語れる、という実例の宝庫です。

生徒のつまずきに耳を澄ませたい

▼こうして教員になったのが二十四歳のときである。

教えるにあたって、数学的に一番大事だと自分が考えることを伝えようとしたのですが(今もそうです)、自分の思ったようにならないことを痛感しました。こちらが枝葉だと思っていることも、生徒は気になって先に進めないのです。

最初の頃は「この子はよくわかっていないんだな」と思っていたのですが、落ち着いて考えてみると、その子の感性のほうが数学的に正しいのだと思うようになりました。何も知らない子ならば、そこを気にするのは当たり前だと。

たとえば、角の三等分が作図できないという話をしたとき、納得できない子がこう言いました。「二等分ができるなら四等分もできますよね。それなら八等分もできる。十六、三十二、…とずっとやっていったら、いつか三の倍数に…あっ、ならないや!」。私たちからすると二等分だけから三等分ができないということはパッとわかるけれど、彼にしてみればそれがわかるまでにタイムラグがある。このタイムラグは正当なものだと思います。

▼このような生徒の細かなつまずきに目を配るように意識している。

今の場合は、話を聞くことで彼が引っかかっていたことが発見できたわけですが、それが発見できないまま、「なんか私は数学がわかってないな」となってしまうケースもあると思うので、なるべくそれを拾い上げたいと思っています。彼らはわからないことをぼそっとつぶやいたり隣の友だちに言ったりするだけで、大きな声で「こう思います」なんて言う子はめったにいない。「外れている」と彼らが思っていることなので、自信がなさそうにしています。それをよく聞いていないといけません。教室の中が比較的がやがやしていて、言いたいことがあれば喋れる雰囲気であることも大事ですね。

こう思えるのは、子どもたちが数学を考えてくれているという前提があるからです。どんなにわかっていなくても、できていなくても、考えていることはたしかである。そこは信頼したいと思っています。

▼数学的にごまかさないようにすることも意識しているという。

高校の数学では、極限に関することや無限に関することは綺麗に言えないものの、彼らにわかる範囲でごまかしなく教えたいと思っています。一例として$\frac{\sqrt{2}}{\sqrt{3}}$の分母を有理化する問題がありますが、そもそも$\sqrt{2}$を$\sqrt{3}$で割るとは何なのか。たとえば等分除の感覚からすると$\sqrt{3}$で割ることはできません。そうすると$\sqrt{2}$と$\sqrt{3}$をそれぞれ有理数列で近似して、その近似のやりかたに関わりなく商が同じところに収束する、と考えることになります。厳密に言おうとするとそれは難しいですが、そこをなるべく彼らに飲み込める範囲でちゃんと言いたい。実際こういうことを質問してくる子はいます。「こういうのは難しいんだけど、大学に行ったらやるから、いまは適当にやっとくわ」といった教え方は良くないと思っています。

問題は解けなくてもいい

▼中学・高校の数学は問題を解くことと切り離せないが、松野氏は問題を解くことが苦手だという。

数学が好きなひとはパズルが得意だったりしますが、自分は考えるのは好きでも解くのは苦手で、解けたときの喜びというのがありません。でも、解けなくても考えることが面白いのです。

生徒にも「問題が解けないことを気にするな、引け目にするな」ということは意識して伝えています。「考えていることが数学、考えていればいつか突破口は来るから」と。

教えていて喜びを感じるのは、生徒たちが数学を機嫌良く考えていてくれるときです。生徒が数学を理解して喜んでくれる、問題が解けて嬉しそうにしてくれる、そういうことはめったにありません。「わかった」と思う瞬間なんて人生でそう何回も訪れるものではないので、これを期待しているとこちらも大変です。生徒が幸せそうに数学について喋っているだけでありがたいのです。私がなにかしら働きかけた結果、生徒たちが数学のことを考えてくれて、それがいい時間になってるとすればいちばん嬉しいですね。

▼ただ、点数が取れず苦しむ生徒にどう教えたらいいかは難しい問題である。

「数学がわからなくても、それほど悩むことではないよ」とは一所懸命言っています。「そんなことはよくあることで、別に構わないし、むしろ君が鋭すぎるからそうなのかもしれない」と。でも、数学ができたほうがいいと思っている子たちがたくさんいるので、彼らにどういうことを言ったらいいかは未だに

写真本人提供

悩んでいます。ちゃんとわかっている子でも、試験をやると点数が取れなかったりする。よいコーチングがあればいいのですが、私はまだ見つけきれていません。

▼生徒によっては、なぜ数学を学ぶか疑問に思う子もいるだろう。どのように数学の意義を伝えているだろうか。

教師になって一年目にお約束のように尋ねられました。「数学をやって何になるんですか」と。私が正直な気持ちで「数学やっているだけで就職できたよ、こんな有難いことはないよ」と言うと、黙ってくれました(笑)。ちょうどバブルがはじけたころで、周りのひとは就職に苦労しているなかで、自分は数学ができるという一点だけで採用してもらえましたから。

でもその質問は、その一回しか聞かれたことがありません。私がその質問をさせないような雰囲気なのでしょうね。楽しそうに、すごく大事なもののように数学のこと話しているから、「聞いてもな…」と思っているのではないでしょうか。

授業では十年くらい前から「数学をやることによって理知と優しさを身につけることができると思う」と言っています。数学を一所懸命やっているひとを見ていると、論理的・理性的なのは当たり前ですが、同時になんとなく優しさが感じられる。ひとそれぞれに都合があるとか、考え方がいろいろであるとか、人間は理屈通りに動かないとか、そういうことがわかっているひとが多いような気がします。むかし森毅先生が「数学者はかえって矛盾に強い、公理系の違いだと思って納得できる」といったことをおっしゃっていたのと似ていると思います。

基礎の重要性

▼教師になって二十五年目の松野氏。勤め始めた頃と考えが変わった点に、基礎的な部分の教え方がある。

最初の頃は、「なるべく先の世界を見せたほうがいい、開成の生徒なら基本的なことはわかっているだろう」と思っていました。「そのくらいしないと生徒になめられる」と思っていたこともあります。でもそうではありませんでした。迷ったら基礎を、重複を厭わず教えるべきです。どんなに優秀な子でも、最初から基礎がわかっているわけではない。それに、基礎はなんとなくわかっているだけではぜんぜん使えません。完璧にわかっていないといけない。もちろん中学生・高校生に要求されるレベルでの話ですが、そうしないと大学入試問題くらいのものでも簡単には解けないのです。基礎を教えるのはよくできる子には退屈だろうと思っていましたが、そうでないことも実感しました。一所懸命考える子は考えている分量が多いので、基礎を繰り返しても面白そうに聞いてくれます。

もうすこし基礎を楽に教えられないかと思うのですが、無理ですね。大学時代の梅田先生のセミナーがまさにそういう感じで、わからなくなったらとにかくもとのところに帰るというやり方でした。いつまで経っても先に進まないのですが、梅田先生にすればそれは当たり前だったのだろうと思います。テンソル積か何かに関して「概念があるということは、その概念を作るだけの理由があるはずだから、それも含めて学ばないと知っていることにならない」ということを言われたこともありました。ぜいぜい言いながら勉強している最中ですから当時はショックでしたが、そういった姿勢には人生全体に影響を受けています。

▼数学を学び志す若い方にも、基礎の大切さを伝えたいという。

数学が好きな若い方は、「こういう数学をやらないといけないのではないか」「こんなことが面白いと思うけれども、実はつまらないことなのではないか」などと悩むと思います。そうやって迷ったときには、より基礎的なこと、根源的なことをちゃんとわかるようにすることが大事だと思います。それがあとあとになると効いてきます。私の場合は、たまたまこうしてエレメンタリーなところで仕事をすることになったので直接に基礎が関わってきますが、数学者になるにしても数学を楽しむにしても、同じなのではないでしょうか。どうしてもいま話題になっていることをやりたくなるし、「やらないと取り残されてしまうのでは」などと考えがちですが、そうではないのではないかと思います。

［二〇二一年九月一七日談］

松野陽一郎

まつの・よういちろう

1972年、東京都生まれ。開成高等学校・中学校数学科専任教諭。武蔵高等学校卒業、京都大学にて学士・修士。著書に『プロの数学』『なるほど！とわかる微分積分』『同線形代数』(東京図書)、「総合的研究」シリーズ(旺文社)など。

7

気象の理論と観測の狭間にある数理

荒木健太郎氏にきく（雲研究者、気象庁気象研究所）

本章では、雲研究者の荒木健太郎氏にご登場いただく。さまざまなメディアで大気現象の解説を行い、Twitterにおける啓蒙活動などでも知られる荒木氏に、活動の源流や気象にまつわる数理などを、つくば市にある研究室とZoomにて伺った。

数学が好きだったから気象に興味を持った

▼現在、気象のアウトリーチについて非常にアクティブに活動する荒木氏であるが、意外なことに、子供の頃は気象にまったく興味がなかった。

よく、メディアに登場する気象キャスターの方々は、「子供の頃からお天気少年で」と言うのですが、

研究室にはさまざまな種類の雲の写真が飾られている。撮影場所はすべてつくば市で、北海道と沖縄間などのように、緯度・経度が大きく異なるような場合を除いて、各地で同じような雲の写真が撮影できるという。

私はそういうことは全然ありませんでした。

▼気象に興味を持つきっかけになったのは、数学であった。

私が数学にはまったのは高校からです。ごく普通の公立高校だったのですが、数学を担当された先生が結構鬼畜で（笑）、定期試験に東京大学や京都大学の二次試験の過去問を出してくるような人でした。クラスの平均点が一〇点や二〇点と非常に低かったのですが、その先生のテストで一〇〇点を取れるかと競っていました。これを通して数学の楽しさや面白さに気づき、身の回りに近い分野で数学を応用する研究がしたいという思いが強くなりました。

▼その際、進路の候補に挙がったのは「計量経済学」と「気象学」であった。この二つに注目した理由はなんだったのだろうか。

やはり高校の数学の先生の影響が大きかったで

す。「数学を使う分野にはどういうものがあるのですか？」と伺ったところ、「計量経済学や、気象学がある」という話をされました。部屋に置いてある参考書や気象予報士の試験の問題集などを見せてもらい、「まさに物理だなぁ」という印象を持ちました。

▼荒木氏はまず、計量経済学を学ぶために慶應義塾大学へ進学する。

入学してから、いろいろな研究室を訪問し、計量経済学を研究しているところを見学させていただいたのですが、自分がイメージしているようなことをやっている研究室と出会えませんでした。

▼一年後に気象庁気象大学校に入学し直すことになる。

気象大学校そのものは、学生の人数が少ないことから結構しっかり見てもらえそうだと思い、慶應義塾大学以外の進学先の候補の一つとして考えていました。定員人数が非常に少なく、全四学年で六十名と決まっているのですが、気象庁職員の研修施設でもあり、教員数が二十数名と、学生数に対する教員数が多いというのが特徴です。また、この大学は気象庁の中の大学なので、防衛大学校などと同じように、入学時点で公務員の扱いとなります。

▼気象大学校ではどのような理論が学べるのだろうか。

普通の大学のように、線形代数や物理数学、気象学のベースとなる流体力学、熱力学などが基礎的なカリキュラムに組み込まれていますが、気象に関わる学術分野である、地震、火山、海洋、地球環境、気候システムなど、幅広い分野を学びます。総観気象学やメソ気象学、数値予報論などの専門的な分野についても、大学校の中に専門家の先生がいて、学生の興味に応じて個別に指導してもらえるのが強みです。

気象研究所の外観。屋上に見える2つの球形状の施設は気象観測用のレーダーで、それ以外にも屋上にさまざまな観測装置が設置されている。

通常は三年生くらいから指導教官になりそうな人とセミナーを行い、四年生のときに卒業研究を進めていくのですが、私の場合は数学を使って理論的な研究をしたいという目的意識があったので、一年生の頃から気象力学が専門の先生を訪ねて、論文を読みながら一緒にセミナーを行い、そのまま卒業研究をするという形でした。

▼卒業研究では、温帯低気圧の発達の理論を研究した。

天気は基本的に、運動方程式の時間発展を計算して予測しています。あとで説明しますが、現在分かっている理論を概ね全部組み込み、現実的な大気場をシミュレーションするため、かなり複雑な数式をスーパーコンピュータを使って計算しています。一方、気象の理論のもう一つのアプローチとして、とても簡単でプリミティブな方程式から出発して、少しずつ現実的な条件を設定し、その上で線形解を求めることが可能かを調べる方向性があり、当時私は後者の線で研究しています。
▼気象大学校を卒業した後、卒業生は基本的に全国の地方気象台に赴任するのだという。
私は新潟の気象台に二年間、その後、銚子の気象台に二年間いました。現場では、予報や観測、注意報や警報を作ったりする仕事を行いました。現場なので、直接的に数学を使って何かをすることが当時はそこまでありません。ただ、自分で防災情報を作り発表していく過程で気象学への興味の入口だった数学が、とても関わっているのではないかと感じ始めました。災害をもたらす現象は、ほとんどが雲に関係しています。雲は上空にあるため、実際に起こっていることの直接の観測があまりできないこともあって、未解明な現象がとても多いのです。それで、気象研究所に異動して、雲の研究に取り組み始めたのです。

天気予報における方程式

▼天気予報に用いられる数理モデルは、どのようなものなのだろうか。
094〜095ページは、気象庁で使っている数値予報モデルの基礎方程式系です。運動方程式や熱の方程式に加えて、雲の微物理過程、乱流過程や放射過程のような物理過程などを組み合わせて、気象を予報するモデルと考えていただければ良いと思います。

気象庁では数値予報モデルとしていくつかの種類を使っています。地球全体を予報する約一三キロメ

u, v, w は運動量の3成分、p は気圧、p' は気圧摂動、g は重力加速度、ρ は密度、θ は温位、Q, Q_n は非断熱項、C_p は定圧比熱、C_v は定積比熱、R は乾燥大気に対する気体定数、p_0 は基準気圧、σ はスイッチパラメータ。q は水物質の量で、添字 n は水蒸気(v)、雲水(c)、雲氷(i)、雨(r)、雪(s)、あられ(g)など。dif.は拡散項、prcは降水の落下による密度変化。θ_m は仮温位 $\theta_v = (1+0.61q_v)\theta$ を用い

$$\theta_m = \theta_v(1+q_c+q_r+q_i+q_s+q_g)^{-1} \simeq \theta_v(1-q_c-q_r-q_i-q_s-q_g)$$

で定義。div は発散:

$$\mathrm{div} = \frac{\partial}{\partial x}(\rho u)+\frac{\partial}{\partial y}(\rho v)+\frac{\partial}{\partial z}(\rho w).$$

adv.は移流項で、スカラー量 ϕ に対して

$$\mathrm{adv.}\phi = \frac{\partial}{\partial x}(\rho u\phi)+\frac{\partial}{\partial y}(\rho v\phi)+\frac{\partial}{\partial z}(\rho w\phi).$$

$\pi = \left(\frac{p}{p_0}\right)^{R/C_p}$ は無次元化した気圧。buoyは浮力で、密度摂動 ρ'、温位摂動 θ'_m により

$$\mathrm{buoy} = \sigma\frac{\rho\theta'_m}{\theta_m}g+(1-\sigma)\rho' g.$$

また、C_m は

$$C_m^2 = \frac{C_p}{C_v}R\theta_m\left(\frac{p}{p_0}\right)^{R/C_p}$$

で定義され、水物質がない場合は音速に一致。

気象庁非静力学モデルの基礎方程式系(直交座標系(x, y, z)で記述)

(1)flux形式の運動方程式

$$\frac{\partial}{\partial t}(\rho u)+\frac{\partial p'}{\partial x}-u\ \mathrm{prc}=-\mathrm{adv}.\,u+\rho\ \mathrm{dif}.\,u$$

$$\frac{\partial}{\partial t}(\rho v)+\frac{\partial p'}{\partial y}-v\ \mathrm{prc}=-\mathrm{adv}.\,v+\rho\ \mathrm{dif}.\,v$$

$$\frac{\partial}{\partial t}(\rho w)+\frac{\partial p'}{\partial z}-w\ \mathrm{prc}+\left(\sigma\frac{gp'}{C_m^2}-\mathrm{buoy}\right)$$

$$=-\mathrm{adv}.\,w+\rho\ \mathrm{dif}.\,w$$

(2)気圧方程式

$$\frac{\partial p}{\partial t}=C_m^2\left(-\mathrm{div}+\mathrm{prc}+\frac{\rho}{\theta_m}\frac{\partial\theta_m}{\partial t}\right)$$

(3)温位の予報式

$$\frac{\partial\theta}{\partial t}+\frac{1}{\rho}(\mathrm{adv}.\,\theta-\theta\,\mathrm{div})=\frac{Q}{C_p\pi}+\mathrm{dif}.\theta$$

(4)水物質(雲水、雲氷、雨、雪、あられ)の予報式

$$\frac{\partial q_n}{\partial t}+\frac{1}{\rho}(\mathrm{adv}.\,q_n-q_n\,\mathrm{div})=Q_n+\mathrm{dif}.q_n$$

(5)状態方程式

$$\rho=\frac{p_0}{R\theta_m}\left(\frac{p}{p_0}\right)^{C_v/C_p}$$

ートル間隔のもの（全球モデル）、日本付近を五キロメートル間隔で予報するもの（メソモデル）、二キロメートル間隔で予報するもの（局地モデル）などがあります。日々の今日・明日の天気予報についてはメソモデルをメインで用いて、全球モデルも組み合わせて使用します。局地モデルは、その日の不安定な現象を見るのによく利用されます。また航空において、特に上空の乱気流の影響を見るために使われていて、一〇時間先という比較的短時間の予報をするためのものです。

大気現象なので、運動方程式があって、熱の方程式を当てはめれば、その現象の基礎的なモデルはできるのですが、シミュレーションによる解析研究を行う際には、例えば温帯低気圧の場合であれば、中の渦がどう時間発展するか、みたいな式をシミュレーションの結果に当てはめて収支解析をすることがあります。

▼この方程式の中で、特に雲の方程式は変数がとにかくたくさんあり、シミュレーションの中でとても重くなるのだという。

ふつう、大気を予報するには気温や気圧、その運動量や東西方向と南北方向の風、鉛直流、くらいで充分なのですが、雲に関しては、水でできている雲の粒、氷でできている雲の粒、雨、雪、あられ、とそれぞれに式があり、数や重さなどを予報しています。それぞれがどのように相互作用をするのかは室内実験や野外観測で判明している式があり、そういうものを当てはめて計算します。

現在、天気予報をするために、例えば雨の場合は雨粒の粒径分布を仮定してしまい、重さだけを計算しています。真面目にやろうとすれば細かい計算もできますが、計算に時間がかかるため日々の予報には使えません。そのため、高精度なモデルはリファレンス目的で使用して、日々の予報には軽いモデルをある程度現実に即した精度まで上げることで運用しています。

▼昔と比べて予報の精度がある時期を境に格段に上がったと感じられた記憶があるかも知れない。このように感じられたのには、いくつかの理由がある。

スーパーコンピュータなど、計算資源の強化のほかに、数値予報モデルが良くなったということもあります。また、数値予報に使用するためのデータを上手に使えるようにした、というのも大きなポイントです。

モデルでシミュレーションをする前に、現実的な大気の場を初期値として与える必要があり、これは「客観解析」と呼ばれます。陸上で観測しているデータは限られていますので、衛星のデータなどさまざまなものを駆使して、三次元のすべての格子にそれらしい現実的な気温や風や水蒸気の量を最初に与えます。この精度が非常に重要で、予報の精度が良くなったのは、もしかすると使用データの切り替わりのタイミングかもしれません。例えば最近の例ですと、上空の水蒸気の量などは観測データが少なかったため未解明のものが多かったのですが、レーダー観測の結果、雨雲のある箇所の湿度を一〇〇%と初期値設定することで、その他の部分とのバランスが良くなり精度が向上しました。

関東地方の大雪と台風は予測が難しい

▼気象モデルを駆使しても、現在は予測が難しいものがいくつかある。代表的なものの一つは太平洋側の大雪である。

西高東低の冬型の気圧配置で降る日本海側の雪に関して言えば、正確な降雪量予測などに課題が残りますが、ある程度大きな気象場が上空の環境を決めてしまっているので、大雪になるかはある程度予想できます。一方で、太平洋側の南岸低気圧（本州の南岸を東に進む低気圧）による雪に関しては、精度がよくありません。

これは、南岸低気圧の発達度合いや進路などによって、雨や雪が降ることが予測される雲の広がり方が変わるのが一つ目の問題です。もう一つは、関東地方の地理的な特殊性です。西側と北側に山が連なり、平野があって海に囲まれているという環境で、地理的に北寄りの冷たい風が強化されやすい状況になっています。さらには、南岸低気圧が来るときは、低気圧に伴う暖かく湿った空気と、関東で吹く北寄りの風がぶつかって沿岸前線と呼ばれる局地的な前線ができることが多いのですが、この前線が少し南北へ移動しただけで気温がガラッと変わってしまい、雨か雪か結末が違ってしまうのです。

予報のカギは地面付近の気温の予測なのですが、これが非常に難しい。なぜかと言うと、北寄りの風を強める一つの要因が、上から降ってくる雪や雨そのものなのです。雪が上空から降ってきて途中で融解して雨に変わると、融解によって熱を吸収するため上空や地上付近の気温が下がり、雪が降りやすい環境になります。降雪の正確な予測のためには、どの程度の雪が上から降ってくるか、という理論的な予測を行う必要があります。地上付近の温度予測も上手くいかず、沿岸前線がいつ・どの位置にいるかという予測も難しい。そのため、前日には雨予報だったものが、予想より降水量が増えたことで下層が冷えて、一面大雪になってしまったことも過去にありました。

▼もう一つは台風の予測である。

台風そのものの進路予報や強度の予報についても課題がありますが、台風は特に海上で発達するため直接観測する手段に乏しいという問題点があります。そのため最近は、台風の研究グループが航空機などで直接観測を行ったりすることで、実態解明の研究を進めています。また、台風は結構大きなシステムなのですが、その中で「台風の目」付近は非常に細かい構造を持っています。そのため、どういう水平解像度でシミュレーションをするのか、ということをターゲットにする現象に応じて変える必要が生じます。

台風の進路が少し変わるだけで暴風や高潮の影響も変わるため、中心の位置がどこを通るかは防災情報を作成・発表する上で非常に重要になってきます。特に台風は反時計回りの回転をしているので、台風の進路の右側で風が強まり、特に台風の中心付近の右側で大きな高潮がこれまでたびたび起こっています。

現状では、台風の予報円で情報を出していますが、予報円そのものは台風の中心の位置がこの時刻にこの中にいる確率が七〇%という精度です。つまり、残り三〇%は円の外にあってもおかしくない状況です。予報円が小さいほど信頼性が高いのですが、先の時刻になると非線形性が大きくなってしまうので、予測はやはり難しいのです。

▼これらはモデルの進化によってある程度改善が可能であるという。

特に雪に関しては、関東で吹く北寄りの風を表現するために精密な地形データを用いて、その上でシミュレーションを細かく行うことで再現性が向上するという例が見られています。また、以前は、関東の雪に対して全球モデルでシミュレーションを行うと全然当たりませんでした。その原因を調べたところ、雪が融解するときの熱量に上限を設けていたのです。上限を設けないと、熱帯域の再現性が非常に悪くなるというモデル上の問題があったためなのですが、この点に関しては改善され、上限が取り払われたので、予測としてはよくできるようになってきています。

台風に関しても、雲の物理過程や乱流過程など、日々の天気予報で使っているモデルより少し良いものを使うことで、強度予報などが改善する可能性があります。

ただ、現業で使っている日々の天気予報のモデルは、これらの現象だけのものではなく、毎日の天気予報がどの程度当たるのかも非常に重要で、全体とのバランスを見ながら再現性を上げていくことが求められます。

ここでは南岸低気圧による雪と台風を紹介しましたが、積乱雲による局地的な大雨や竜巻、集中豪雨をもたらす線状降水帯(積乱雲が組織化したもの)についても予測が難しいのが現状です。これらの現象は未解明な物理過程も多いため、実態解明の研究や高精度な監視・予測のための研究に取り組んでいます。

天気予報に携わるために数学はどの程度必要？

▼気象庁の中では、どの程度の職員が数学の素養が必要な業務に従事しているのだろうか。

全体で見ると、事務職や総合職などさまざまな職種があるので一概には言えませんが、数値予報モデルを研究・開発するグループは、ほとんど毎日数値計算に触れますので、数学的な知識は必要不可欠です。私のいる気象解析に近い研究室でも、数学は一つのスキルとして利用していますので、数学は必要です。研究・開発以外の部署でも、気象の物理や数理に携わる必要が出てきますので、数学の知識を持っているに越したことはないですね。

▼観測や予報の現場においては課題もある。

私はいま、現場にいる予報官の方々を指導するような立場にあります。自分が現場にいたときもそうだったのですが、日々の作業に追われてしまい、現象をしっかり理解しないまま次へと行ってしまうことが結構あります。

また現在、予報官をやられている方々は大卒の方だけではなく、高卒で入庁して地方の現場が長いという方もいらっしゃいます。そういう方々は、現場経験は非常に豊富なのですが、物理数学的な解釈を行うことが難しい場面もあります。そのため、新人育成・キャリア教育も含めて、気象学のベースとなっている物理数学の部分をしっかり学んで予報や観測、解説業務などに当たることを庁内でも推進しているところです。

▼数理モデル頼みにならないためにも数学の知識は重要だ。

最近は「診断的予測」という考え方があり、現時点で数理モデルで明示的に表現できていなくても、現場で先輩に言われてきた「こういう状況のときはこうなる」という経験則を科学として理解して、医者のように診断する技術です。この技術を育むためには物理数学の知識をしっかり身に着ける必要があります。

国内の気象予報の現場では、最新の数理モデルを使った予想をそのまま鵜呑みにして、ほとんど人が介在せず予報をしてしまうということも時折見かけます。そのような方々は「ガイダンス予報官」と呼ばれることもあります。たしかに、新しいモデルの方が予測精度が良いという傾向はありますが、特に大外ししやすい関東の大雪や台風などは、モデルに当てはまらないことが多いです。

現在のモデルは万能ではありませんので、やはり人が介在してこのモデルの結果は信用できそうか判断しなくてはなりません。妥当性を対外的に上手く説明したり、予報シナリオ・防災シナリオを解説する根拠を持つためには、物理数学の素養が必要になってくるということです。大きな災害をもたらし得る現象が予想されているときには、診断的な予測をするための技術が非常に重要になってきます。観測データを上手く使って、何が最適なシナリオになりそうかを検証した上で予報をやってほしいと思っています。

気象学の啓蒙活動

▼荒木氏は各種メディアに登場して気象解説を行ったり、SNSでの情報発信などを行うことで知られている。このような活動を行うきっかけは、単行本の執筆であった。

雲はもともと研究対象という存在でしたが、十年ほど前に雲に関する一般向けの教科書の執筆依頼がありました。それまでの気象学の本は、「数式だらけのとても難しい教科書」「ふわっとした解説がついた写真集」と二極化していたのです。それはあまりよろしくないので、定性的に物理が理解できて、間違いのない解説をした本を書きたいと思いました。その際、ただゆるいだけではなく、体を張って物理を表現するようなキャラクターを作って解説するようにしたのです。

このような想いで作った『雲の中では何が起こっているのか』(ベレ出版)は、気象予報士の試験勉強にとても役立てられているという話を聞きます。特に熱力学の部分は気象予報士の試験に出るのですが、難しいと言われがちの分野ですので、定性的な理解にとても役立っているようです。すでに予報士を取られている方でも、試験勉強をしているときにこんな本があればよかったと言われる方が多いです。

▼この本を刊行した後から、一般の人たちと関わる機会が増えた。

二〇一四年の冬から翌年春にかけて、茨城県常総市で中学生や教育委員会向けの講演を行いました。集中豪雨は全国どこにでも起こり得るので、近くを流れている鬼怒川が氾濫することも考えられます。なので、洪水ハザードマップなどを必ず確認しておきましょう、と話しました。その翌年の二〇一五年

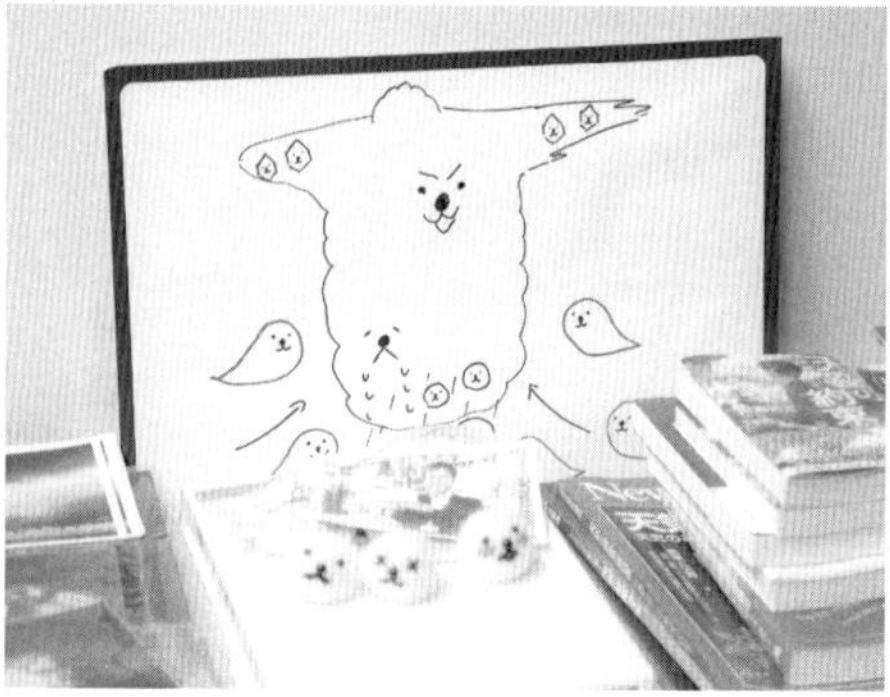

左　『雲の中では何が起こっているのか』(ベレ出版)
右　荒木氏の本に登場する積乱雲のキャラクター「パーセルくん」

九月に関東・東北豪雨が起こり、講演会場は浸水し、家屋が全部流されるような状態になりました。幸い、犠牲者はそこまで多くありませんでしたが、講演を聞いていた被災者に話を聞くと、「まさかそういうことが起こるとは思わなかった」と言われました。これは被災地に行くと必ず聞く言葉なのです。

予想外のことは、このように事前に説明しても、なかなか備えられません。講演を聞いて一時的にモチベーションが上がっても、それを維持するのはとても大変だということがよく分かりました。

▼能動的に防災を続けるには何か必要なのか。その一つの答えが、日々空を見上げて雲を楽しむことであり、『雲を愛する技術』(光文社)はそのような経験から作られたものである。

例えば、虹がとても良い例です。その仕組みは、太陽と反対側の空で雨が降っているときに、そこに太陽からの光が入って、屈折しながら中を反射して出てきた際に分光して虹色の光が見えるというものです。虹は、たまにしか出会えないと思われがちですが、リアルタイムで見られるレーダーの雨量情報を確認しながら、自分の真上を雨雲が通過するタイミングで太陽と反対側の空を見れば、高確率で出ています。このように、気象情報を上手に使えば美しい空が楽しめますし、いざというときに必要な防災情報がどこにあるかが分かり、自分の身を守るのに役立ちます。

少し毛色は違いますが、『雲を愛する技術』の制作の際は、初校原稿を希望者に公開して、レビューをしていただきました。全部で六八五名の方が参加されて、「スペシャルサンクス」という形で、参加者の名前を書籍に収録しました。実際、すごい熱量のこもったコメントをたくさんいただいたので、参加してくださった方々がリーダーシップをとって、近くの人たちに気象の知識を広めていってもらえると良いと思っています。

▼荒木氏はTwitterでの発信にも積極的に取り組んでいる。フォロワーの数は概ね二二万人(インタビュー当時)にも及ぶ。

そんなに詳しく知らないけれど、空とか雲とか綺麗だなと思ったら写真を撮るという方は多いと思うので、そういうところから気象の世界に入っても良いと思うのです。現象の解説をしたり、あまり難しくならない程度に知っておくと面白い知識などを情報発信するようにしています。まずは興味を持ってもらうことを目指して活動をしています。

これと並行して、最近「シチズン・サイエンス(市民科学)」的な活動を行っています。関東で降雪があるときに、SNS上で「#関東雪結晶」というハッシュタグをつけて、降雪粒子、雪の結晶の写真を送ってもらいます。これをもとに、雪を降らせる雲の実態解明をするという研究を行っています。

こんな身近なところに数学が

▼荒木氏は、身近なところでいろいろな数学が使われていることを感じながら生活することで、より良い充実した数学ライフを送れるのではないかと語る。

気象学を例にとると、積乱雲で雨やひょうが降るとき、積乱雲の真下は必ず「ダウンバースト」や「マイクロバースト」という突風が起きます。雨やひょうが降る際に空気を引きずり下ろすので、そこで下降流が強まるのです。一方で、最近コロナの影響で手洗いを頻繁に行っていると思いますが、その際に水道から水を出して指を入れると、ちょっと下に引っ張られます。これは「ローディング」と言って、水が粘性流体のため摩擦が働いて引っ張られるのです。これは、雲の中で下降流が強まるのと同じような物理だね、と言って説明したりします。このように、ぜひ身近な現象から、物理や数学を見つけて行って欲しいですね。

〔二〇二〇年一二月一五日談〕

荒木健太郎

あらき・けんたろう

1984年、茨城県生まれ。雲研究者、気象庁気象研究所台風・災害気象研究部主任研究官。慶應義塾大学経済学部を経て気象庁気象大学校卒業。三重大学大学院生物資源学研究科で学位取得(博士(学術))。新潟地方気象台、銚子地方気象台を経て現職。著書に『すごすぎる天気の図鑑』シリーズ(KADOKAWA)、『雲を愛する技術』(光文社)、『雲の中では何が起こっているのか』(ベレ出版)などがある。

Twitter・Instagram・YouTube: @arakencloud

8

折り紙の窓から見る数学

前川淳氏にきく（折り紙作家）

折り紙は、子どもにも親しまれる遊びでありながら、数学とも密接に関係した奥深い世界である。近年では、工学や生物学などとも関連して研究がなされ、折り紙を中心とした学際的な国際研究集会が開催されるほどだ。

本章では、一九八〇年代に数学的な「設計」の発想を持ち込んだ作品で折り紙の世界を一変させた、前川淳氏にご登場いただく。『数学セミナー』での連載をもとにした書籍『折る幾何学』の著者としてもお馴染みの前川氏。創作のしかたから生業までさまざまな話題を、山梨県にあるプライベートギャラリーにてお聞きした。

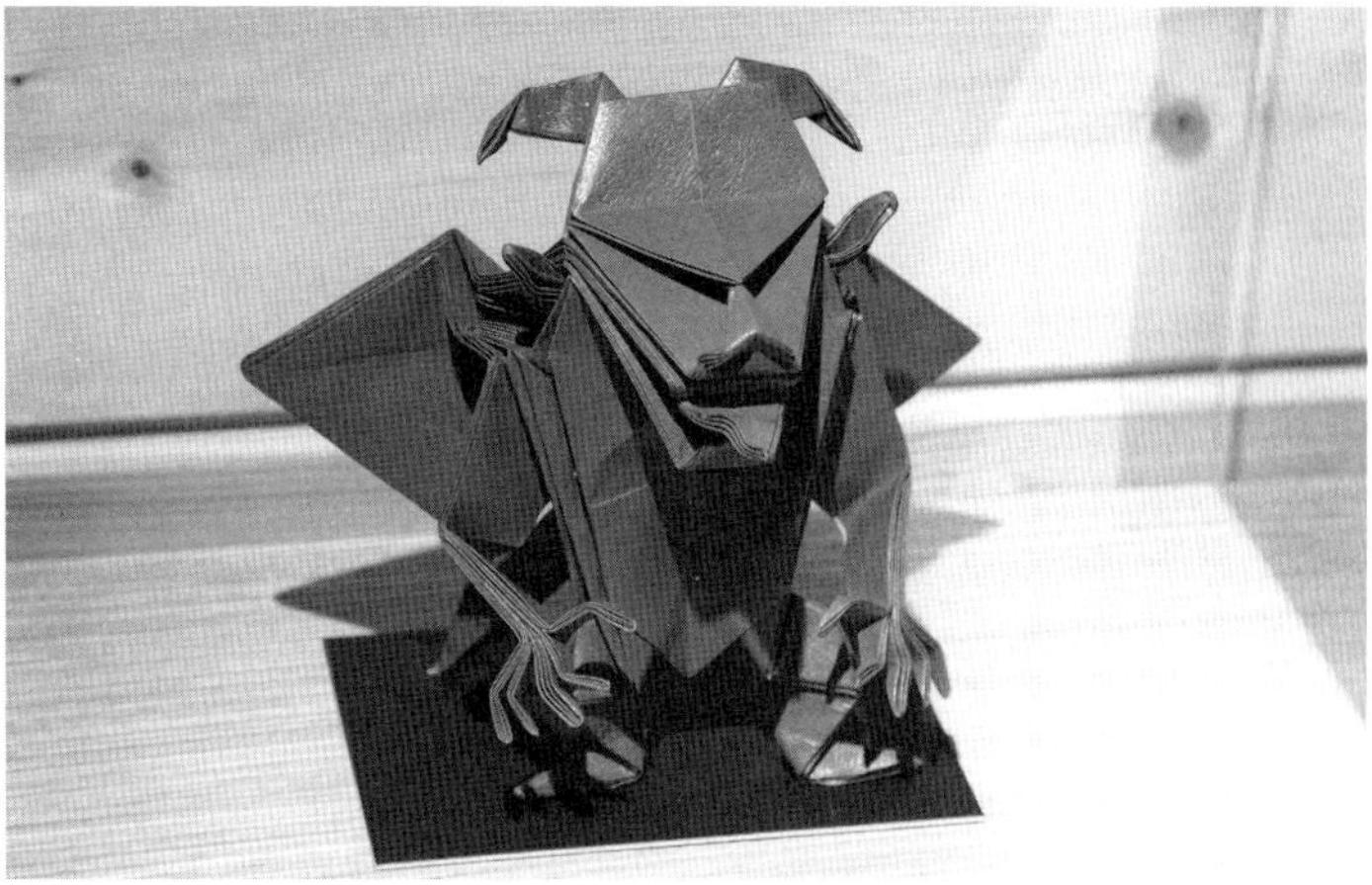

図8-1　前川氏の代表作「悪魔」。

▼「折り紙設計のパイオニア」と称される前川氏。その技法を用いた代表作「悪魔」は、五指をもつ手までが一枚の正方形から切込みなしで折り上げられる、驚きの作品だ[図8-1]。折り紙設計とはどのようなものなのだろう。

折り紙設計と幾何

折り紙を折ることは、伸び縮みしない紙を変形させ、平面の等長変換で多面体をつくることだと言えます。正多面体などの幾何学的なかたちはもちろん、折り紙の動物なども多面体だと考えられます。

その多面体の面を、辺を折り目として紙の上にどうやって配置していくか、ということを考えます。つまり、多面体の展開図を考えるのです。これは幾何学的なパズルになります。

わかりやすいのは、枝分かれによって造形を見る方法です。たとえば昆虫のバッタを折り紙でつくることを考えます。バッタは、六本の脚のうち前脚四本は若

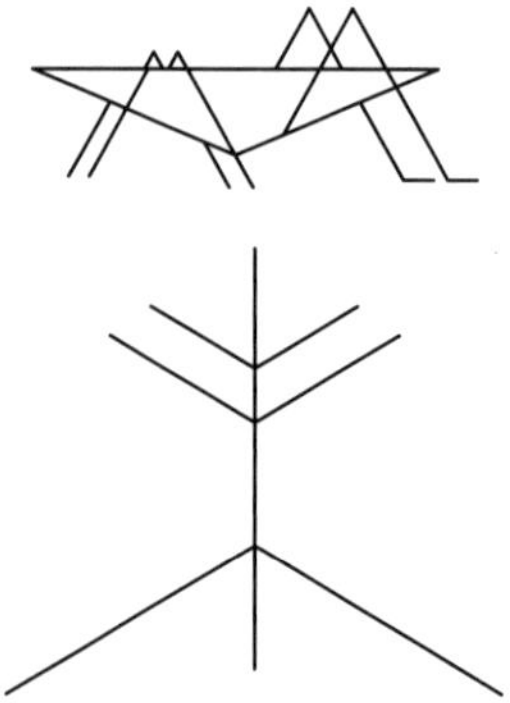

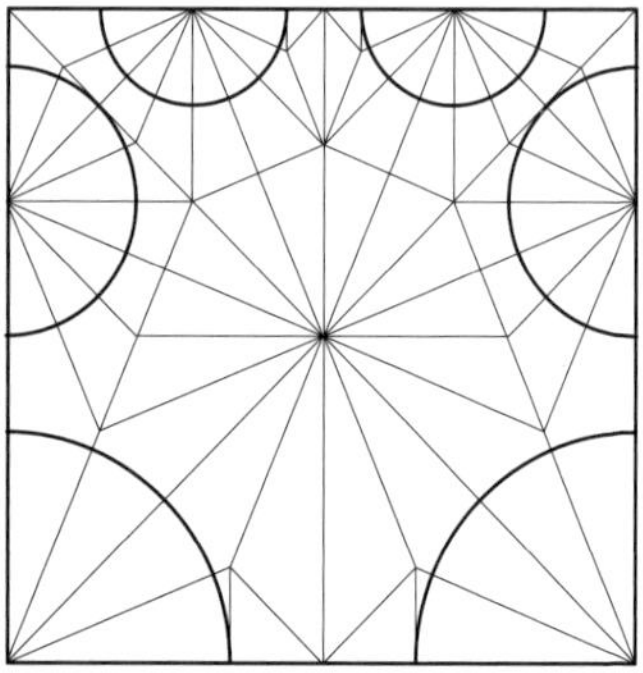

左｜図8-2.1　バッタの概略図とその枝分かれパターンの例。
右｜図8-2.2　バッタの枝分かれパターンに対応する折り目と、脚の長さを表す円弧。

干短めで、後ろ脚二本は長い。それを枝分かれ構造で捉えます［図8-2-1］。枝になる部分を紙のどこに配置するかが問題です。紙の特定の場所から脚を折り出すには、そこに脚の長さを半径とした扇型の領域が必要になりますから、少なくともその扇形が互いに交わらないように配置しなければいけない［図8-2-2］。ボロノイ分割のような、幾何学的な問題になります。なお、折り紙の設計において、最初に円の領域に注目したのは、目黒俊幸さんです。

▼設計という考え方が生まれる以前は、折り紙は「試行錯誤」で作られていた。

わたしが折り紙を始めたころは、折り紙の創作はみんな「折りながら考える」という感じだったのです。折り紙の設計に関する先駆者は何人かいましたが、設計によって複雑な作品をつくったのが、わたしや同年代の作家です。折った紙を広げたときについているたくさんの折り目のパターンを逆に応用すれば、あらかじ

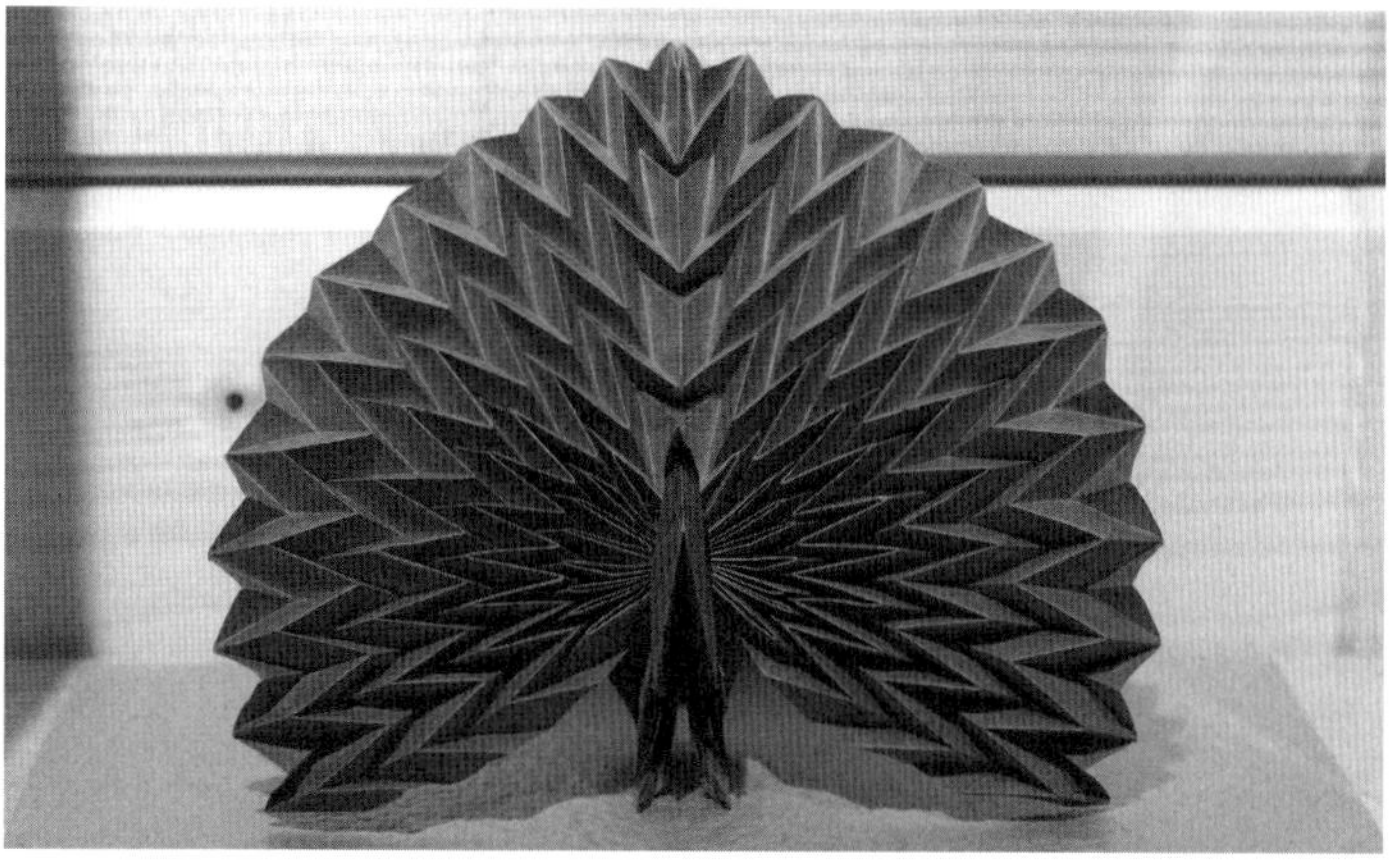

図8-3　ミウラ折りを使った「孔雀」。

め頭の中で思い描いたかたちが折れるのではないかと考えました。その理論も、前出の目黒さんやアメリカのロバート・ラングさんなどによって整備されてきて、折り紙を設計してつくることが広まっていきました。

▼ただし、折り紙創作において設計が万能なわけではない。

昆虫の脚の長さだけが合っていればよい、といったことだけなら、ほぼ理詰めでできてしまいます。しかし、それが折り紙として面白いかどうかはまた別の話です。角度や頂点の位置がうまく配置されていないと、折るときに無理をする感じになったり、折る目安を見つけるのが難しくなったりします。設計したあとで、造形的な面白さを見直すことになります。

また、設計とは違うところから創作することもあります。この作品「孔雀」[図8-3]は、「ミウラ折り」[*1]に相当するパターンを丸く広げると、紙の折り目の美し

*1　三浦公亮氏による、展開収納に適した工学的成果。

さが見えるので、それを孔雀に当てはめてみたい、というアイデアからつくりました。この場合も、うまく当てはめるところには設計が要りますが、特定の折り目を見せるアイデアが先にあって、その後に設計、という流れです。

▼工程図を描く段階も、創作において重要だという。

設計によって作品をたくさんつくっていたころは、工程図の重要性はあまり考えていなかったのですが、最近面白いなと思うようになってきました。折り紙の工程では、辺と辺を合わせたり点と点を合わせたりしながら紙を折っていきますが、それが一種の作図になっています。その作図の自然さ、初等幾何の問題で言えば補助線の引き方の優雅さのような感じが、工程図を考えるときは必要になります。さらに、その作図が自然になるように、脚の長さの比率などを変えたりもします。

格好いい作品がつくれれば、それでいちおうは完成ですが、それで終わりではなく、それを人に伝えるための図を起こすときに、また面白い考えが浮かぶことがあるわけです。数学でも、定理を思いついたときがいちばん嬉しくて、証明を考えるのは案外つまらない、ということがあると思いますが、証明を考えることからの発展も大いにありますよね。そういう感覚が折り紙にもあります。

▼つねにアイデア豊かな作品を生み出し続ける前川氏。発想の源はどこにあるのだろう。

小説を読むときや、パズルを解くとき、なんとなく散歩しているときも、どこかで折り紙と結び付けられないかという目でものを見ているようです。とくに、もののかたちを幾何学的に捉えるという視点は、いつも持っていると思います。

似た感覚として、寺田寅彦の物理学のようなことも好きです。折り紙とは直接関係ありませんが、身の回りにあるもののかたちがどうなっているかといった興味です。こういう「趣味的研究」は、同好の士がそう多くないのが残念です。昔はロゲルギストの『物理の散歩道』(岩波書店)とか戸田盛和先生の『おもちゃの科学』(日本評論社)とか、遊び心のあるプロの研究者がいましたが、今は時枝正さんなど、あまり多くないですよね。

▼幾何学的な発想をもとに折り紙を探求する前川氏だが、使っている数学は和算的だと語る。

わたしが数学を使う感覚は、和算に近いと思います。和算は一般化・抽象化をあまりせず、個別のかたちを面白がる傾向があります。そこが折り紙に通じます。

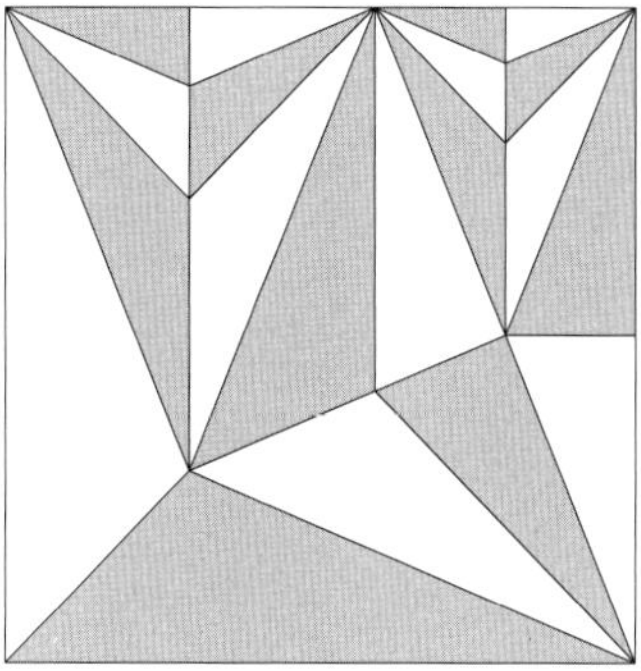

図8-4　「木」の展開図。折ったときに紙が上向きになるか下向きになるかに応じて色を塗ることで２色で塗り分けられる。

これは『数学セミナー』の連載(二〇一五年一月号)にも載せた「木」の展開図です[図8-4]。この図自体が綺麗だと思いませんか。折り畳めるかどうかを知らなくても、パターン自体が絵になります。なぜ、この図が(すくなくともわたしには)美しく見えるのか。まずは、これが、折り畳みに関する一般理論を図示する一例になっている、ということがあります。そして、それが、特別なパターンによって示されていることが重要なポイントです。全体は正方形という特殊なかたちですし、三角形は三種類しかありません。角度がすべて整数比になっていて、かたちが限られているのです。こうした特殊なパターンを珍重するところが、和算的だと考えるゆえんです。

なお、角度が整数比になる三角形自体は面白いものです。辺の比率が整数比の直角三角形をピタゴラス三角形といいますが、これは、その「角度版」です。ここで使われているのは、そうした三角形のさらに特殊な一例です。

このことは、野老朝雄さんがデザインされた東京二〇二〇オリンピック・パラリンピックのエンブレムの話とも似ています。[*2] あれは三種類の四角形の話でした。折り紙のデザインも、野老さんのデザインも、発想の重要な部分に数学があるのは間違いないですが、「この図形が好きだ」という「審美眼」が、手仕事と結びついたところは、数学の「研究」とは異なるものだと思います。

一般化を議論の中心に据えた折り紙関係の論文も美しいと思うのですが、自分とはタイプが違うとも感じます。和算家の中にも、現代の数学者に通じる一般化した広い世界を俯瞰したひとはいましたが、多くは、そうしたアプローチとは異なって、個別の図形や式を愛でています。そうしたありかたに、強い親近感を持ちます。

折り紙とのこれまで

▼折り紙の第一線で活躍する前川氏。小さいころから折り紙好きであった。

たとえば、幼稚園くらいのときに吉澤章《あきら》さんの『おりがみえほん』（フレーベル館）をもらって折ったりしていました。これはすばらしい本です。吉澤章さんは、漫画家にたとえれば手塚治虫に相当するような人です。図も正確に描いてあります。しかし、完成写真のとおりには、なかなかなりません。仕上げに熟練のテクニックが必要で、折り紙の芸術的な側面を代表する作家です。

▼研究を始めたのは高校生のころだ。

そのころ出会ったのが笠原邦彦さんの『超難解マニア向き作品集』（すばる書房）などのシリーズです。当時から折り紙は、幼児教育のためのものと思われているところがあります。しかしこの本は珍しく週刊誌に書評が載ったりして、大人向けの本として扱われていました。書名どおりに、かなり凝った作品が出ています。展開図で見る発想も載っているので、そうした展開図を自分なりに研究してみようと考えたのが、わたしのほぼ初めての折り紙研究です。

この本に惹かれたのは、パズルが好きだったためです。マーチン・ガードナーの『数学ゲーム（1、2）』（講談社ブルーバックス）も愛読書でした。工芸・美術というより、数学的なパズルの一種として折り紙に再会しました。

当時、箱詰めパズルにも熱中していました。実は折り紙の設計も、三角形のパターンを、あとで辺で折れることを想定しながらはめ込んでいく。こういうパズルと非常に似ています。興味はつながってい

＊2　本巻第1章に登場。

たのですね。高校~大学受験浪人のころは、受験勉強をせずに、「はめ込みパズルの一種として折り紙を考える」という研究をノートにまとめていました。ノートの題名が「数理折り紙序説」。バートランド・ラッセルの『数理哲学序説』のパロディです。ひけらかしたいお年頃でした。

▼大学時代、折り紙作家である笠原邦彦氏の目に留まり、作品や研究成果が世に出ることになる。

幸運にも、笠原さんが新聞で作品を紹介してくれました。最初の本(『ビバ!おりがみ』、サンリオ、一九八三年)も笠原さんの編集で出版されています。大学在学中に、「変形折り鶴」に関する研究が、笠原さん経由で伏見康治先生に伝わり、その内容を伏見先生が『数学セミナー』に書いてくださったこともありました(一九八一年一〇月号)。あれは嬉しい出来事でした。

▼大学では理論物理を専攻し、今は国立天文台でプログラマーとして働いている。

科学哲学に興味があり、ちゃんと物理を勉強したいと思って理学部物理学科に入ったのです。なので、学部でやるような数学はいちおう真面目にやりましたが、数学や理論物理というのは天賦の才能に恵まれたひとがやるものだと思い込んでいて、研究者になろうとは考えていませんでした。とくに数学は、本当にできるひとがいますよね。いま考えると、自分の才能の有無などにとらわれずに、好きなことをやっていてもよかったと思わないでもありません。

大学卒業後はまともな就職もせずに、本の印税で長期の自転車旅行に行ったり、一年くらいふらふらしていました。今の学生さんの厳しい状況に比べると、申し訳ない気がします。その後、倫理的にもこのままではいけないと思い、ソフトウェアの会社に就職しました。そこでたまたま設立されたばかりの野辺山宇宙電波観測所の仕事をすることになりました。それが面白くなり、フリーランスのプログラマーになったりしながらその仕事を続けてきて、今は特定契約職員として国立天文台に雇われています。[*3]

▼その仕事と折り紙とはまったく関係がないという。

天文台内では、わたしが折り紙作家でもあることはけっこう知られていますが、そういう話をすることはほとんどありません。わたし自身も頭を切り替えていて、直接は結び付けていません。

仕事では、長野にある野辺山宇宙電波観測所[図8-5]と東京を行ったり来たりしています。天体観測では、目標を追尾するために地球の動きや大気の屈折などをリアルタイムで高精度に計算し、それを望遠鏡の命令に変換して送る必要があります。観測されたデータはデジタルデータに変換され、専用の計算機で高速フーリエ変換されます。最終的にはそれが視覚化されます。わたしは、そのような観測機器を制御するプログラムと、解析するプログラムのコーディングと

図8-5　直径45mの電波望遠鏡。この望遠鏡のある野辺山宇宙電波観測所で前川氏は働いている。[写真提供：国立天文台]

＊3　二〇一七年当時。二〇二三年現在は、立場を変えて天文台の仕事を続けている。

メンテナンスを長年やっています。

天文学者しか使わないアプリケーションプログラムを書いているプログラマーというのは、考えてみれば、珍しい仕事です。ずっとやっているのは、仕事だからでもありますが、それ自身が面白いからです。ここでも幸運に恵まれています。

折り紙を仕事にできるとは考えていませんでしたが、最近では上原隆平さん（北陸先端科学技術大学院大学）や三谷純さん（筑波大学）、舘知宏さん（東京大学）など、折り紙の研究を中心にしているひともいて、面白くなってきた、折り紙の世界自体が広がってきたと思っています。

「新しい博物学」としての折り紙

▼折り紙の世界はここ数年で大きく変わっていると語る前川氏。今後の目標は何かあるのだろうか。

折り畳み構造に注目したサイエンスやテクノロジーが、近年注目されています。約四年に一回開催されている「折り紙の科学・数学・教育国際会議」も、回を重ねるごとに盛況になっています。正直、これほど多元的に折り紙の世界が広がるとは思っていませんでした。個人で何を目指したいというより、まずはこれを見届けていきたいと思っています。日本折紙学会という、ハブの役割を担っている団体のスタッフもやっているので、中にいて動きを見ているだけでも楽しいものです。

折り紙は、数学や人文科学などと分野横断的にかかわる不思議な窓のようになっており、それも面白

いなと思います。天文学者の池内了《さとる》さんが、ある特定の物事に注目することでさまざまな分野を結びつける「新しい博物学」という概念を提案されています。いわゆる理系と文系の垣根を越える試みのひとつです。折り紙は、新しい博物学のテーマとして、非常に高いポテンシャルを持っているのではないかと思います。

▼もちろん、自身の研究や創作も行っていきたいという。

分野横断ということでは、さきほどもすこし触れましたが、折り紙と和算の結びつきに興味を持っています。少し調べてまとめたこともあるのですが、まだまだ掘り下げるところがあるなという印象です。

創作では、テーマをいつも温めていて、ストックしていますす。折り紙は、俳句や短歌のように、限られた条件でつくるので組み合わせ方が限られてきてしまうのではないか、と心配するひともいると思います。わたしも以前はそういう考えを漠然と持っていましたが、実は俳句や短歌と同じく、折り紙もパターンは思っているよりずっと多くて、事実上、限りがないと感じます。それは計算複雑性の観点から数学的にも証明されていると言えます。

数学と折り紙の永遠

▼折り紙を通じて数学に関わってきた前川氏。数学にどんな魅力を感じているだろうか。

数学のいちばんの魅力は、公平なところだと思っています。まずは、人に対して公平だということです。格言「幾何学に王道なし」のとおりです。そして、これとは違う意味もある。それは、どの定理もそれぞれに尊いということです。たとえば、ABC予想とピタゴラスの定理。ABC予想は論文を理解できる人が数人いるかいないかだそうですが、ピタゴラスの定理は、中学生でも証明を思いつく。しかし、その違いは、一流のシェフがつくったごちそうと、ままごととの違いとは別物です。どちらの定理も偉大です。その定理がある人のなかで腑に落ちた、「わかった」という感覚は、基本的に同じなのではないでしょうか。

とくに、問題を自分で見つけてそれが自分で解けたときは、ほんとうに嬉しい。そういう問題はだいたい誰かが先に見つけているものですが、それでも面白い。以前、「平らに折り畳まれる折り紙の展開図では、一つの頂点に集まる山折り線と谷折り線の本数の差が2になる」ということを思いつきました。証明も初等幾何的に簡単です。これを、数学者のトーマス・ハルさんなどが「前川の定理」と呼んでくれるようになりました。自分の名前がついていること自体、素直に嬉しいですが、最初に見つけて最初に証明したとき、こんなに綺麗なことがくしゃくしゃと丸めてつぶした紙にも通用するのだということに感激しました。

数学に関して、二つ重要だと思うことがあります。一つは、わかったふりはしないこと。もう一つは、自分の関心は努めて客観的に分析するけれども、それをつまらないものと卑下しないこと。これらがとても数学的なのではないかという気がします。ピタゴラスの定理は中学生でも証明できると言いましたが、それと同じように、簡単に証明できる定理であっても、数学の真理の一環を支えている。一見、自明でつまらなそうでも、味わい深いことがあります。

数学は隠しているものがなく、誰に対しても開かれており、ごまかしようがない。それが一種の永遠になると感じます。その永遠は、石碑に刻まれた永遠というよりも、語り継がれていくタイプの永遠。それが数学のいちばん清々しいところではないでしょうか。折り紙の作品にも、そういう一種の永遠を持つものがあると思います。

［二〇一七年六月二一日談］

前川淳

まえかわ・じゅん

1958年生まれ。東京都立大学理学部物理学科卒業。天文観測および解析ソフトウェアのエンジニアとして働くかたわら、折り紙の創作、折り紙の数学、歴史等の研究をライフワークとしている。主な著書に、『本格折り紙』、『本格折り紙$\sqrt{2}$』(日貿出版社)、『折る幾何学』(日本評論社)がある。

9

自動生成で広がる世界

藍 圭介氏にきく（ゲームプログラマー（当時）、北海道大学大学院情報科学研究科（当時）、株式会社スマイルブーム（当時））

本章では、ゲームプログラマーの藍圭介氏に登場いただく。『数学セミナー』においては、竹内郁雄氏（東京大学名誉教授）の連載にて、「竹内関数で音楽生成」を行った人物として登場したことがあるが、そのほかにも多彩な活動を行っている。そのあたりのお話を、北海道のご自宅からZoomにて伺った。[*1]

シンセサイザーに興味を持った学生時代

▼こどもの頃の藍氏は病弱で、学校を休みがちであった。

＊1　藍氏は現在、小樽商科大学に技術職員として勤務している。肩書などはインタビュー当時のものであることをご了承願いたい。

数学自体は嫌いではなかったのですが、得意科目だったとはちょっと言いづらいですね。数学は積み重ねがものを言う分野だと思いますが、休みがちな私は苦手になってしまいました。

▼その中でも得意だった分野もある。

高校の頃はベクトルと三角関数だけはできました。ほかの内容よりも暗記量が少なくて済んだからです。

▼当時は数学よりも物理が好きだった。

自分は理系という意識があり、高校は理数コースへ進んだのですが、物理やコンピュータなど、背後に数学的な要素があっても、最終的にものが動くとか、アウトプットがあるものが好きでしたね。

▼一方、音楽への興味の入口はシンセサイザーである。

当時はテクノミュージックが流行していて、その延長で自分も音楽を始めました。中学時代からシンセサイザーの本を読んでいて、そのメカ的な部分にすごく興味を抱いたのです。

▼当時は、デジタルシンセサイザーが登場した時期だ。

今までアナログシンセサイザーを使用していたミュージシャンが対応できなくなったのです。その理由が「FM音源方式」で、例えば $\sin(x+\sin(nx))$ などの三角関数の仕組みや波形の計算を理解しないと、思うように形が出せず、思考のパラダイムシフトを迫られました。

▼藍氏はアナログよりもデジタルの方に興味を持った。

アナログシンセサイザーを使用していたミュージシャンが対応できなくなった結果、キーボーディスト向けの雑誌には「いかにして望む音を作るか」という解説記事が毎号載るようになり、そこでデジタルシンセサイザーに興味を持ちました。この数式でこういう波形を出力したらこういう音色になる、というのがとても面白かったです。ただ、シンセサイザーは高価で手が出せずパソコンも持っていませんでしたので、関数電卓でグラフを描いて遊んでいました。

その後、実際にデジタルシンセサイザーに触れることができたのは、大学時代の音楽練習スタジオでした。ユーザーインターフェースが異常に小さくて操作がもどかしいという点はありましたが、金属的な音や打楽器系の硬質でリアルな音はそれまでの電子楽器と全然違う印象でした。

▼シンセサイザーの仕組みを学びたいと、大学は電気工学科に進学した。

アナログ回路は割り算や小数点がたくさん出てきて難しかったのですが、大学で学んだデジタル回路はとてもしっくりきて、自分に向いていると思いました。さらに言えば、電気回路は部品調達が大変で、それなら自分が考えたものをソフトウエアですぐに表現できたら面白いと感じて、シンセサイザーを離れてどんどんソフトウエア方面を指向していきました。

さまざまな会社を渡り歩く

▼大学卒業後に、藍氏は宇宙開発の会社に就職する。

ソフトウェア関係に進みたいと思っていて候補にゲーム会社などもあったのですが、コンピュータそのものに興味があったことと、ゲームで宇宙船を動かすより、本物の宇宙船を動かした方が面白いと思ったのです。

▼その会社で、藍氏は宇宙ステーション「きぼう」のコンピュータシステムに携わる。

システム自体は市販のコンピュータとさほど変わりません。宇宙用の安定したシステムを作るために、最先端ではなく、むしろ数年後れの技術を使っているのです。その一方で、例えばキーボードを無重力空間で操作するときは、ボタンを押すと反動で体が後ろに行ってしまうので、足を引っ掛けながらキーボードを打つなど、宇宙環境に最適化されたユーザーインターフェースの開発が必須です。現在の自分の研究にも繋がる面白いプロジェクトでした。

開発は十年以上続くのですが、自分は基本設計と詳細設計に八年ほど関わりました。打ち上げのときにはすでに会社を退職していましたが、あれが自分が作ったものだと思うと感慨深かったです。

▼次に目を付けたのはインターネットである。

その頃のコンピュータの進化は物凄く、一年前には想像もできなかったものがどんどん出てくる時代でした。そのスピード感に圧倒されて、停滞していた宇宙開発からインターネットに移りました。当時は、ライブドアやソフトバンク、楽天など、初期のベンチャー企業が立ち上がる時期で、勢いがあって面白かったです。

▼当時のネットベンチャーを牽引したのは、リクルート出身の人々だった。

リクルートには会社を作る文化があって、そういう人たちが日本のインターネットを牽引していました。私の勤めた会社の社長もリクルート出身で、リクルートがクレイ社のスーパーコンピュータを導入したときの担当者でした。そういう人たちと一緒に、孫泰蔵さんや孫正義さんのところへプレゼンに訪れたこともあります。ネットベンチャーでなんとか当たりを引こうと皆が押し寄せた凄い時代でした。

▼藍氏が手掛けたのは、今となっては当たり前となった動画配信である。

動画配信に関する独自の特許技術を持っていたので、二〇〇〇年前後から動画配信を行おうとしていました。当時はYouTubeの影も形もない頃で、社内の研修用ビデオや学校の授業を配信するシステムを作りました。でも、当時はネット回線も細く画質も悪く、現在のような動画の時代になるとは思いませんでした。

▼ネットベンチャーに居たのはわずか二〜三年だという。

ベンチャーの世界は、半年や一年で成果が出ないとすぐに状況が変わり、会社が買収されたりします。私も履歴書を書くといくつも社名が登場しますが、転職しているのではなく買収で社名が変わっているのです。百社あれば九十九社が失敗する厳しい世界で、みんな疲弊していました。

▼ベンチャー企業は当たらなすぎると感じた藍氏は、その後、出生地の北海道に戻ることになる。

最初は、ごく普通の企業に勤めていたのですが、札幌の企業がボーカルのシンセサイザーを作ってAmazonで売り上げ一位になって妙に受けている、というネットニュースが出て、これは面白そうだなと思いました。これまでのソフトや音楽の知識も、ベンチャー企業での経験も役に立ちそうだと感じて、クリプトン・フューチャー・メディア（以下、クリプトン）という、「初音ミク」を開発する会社へ二〇〇八年に転職しました。

▼クリプトンに入社当初、社内システムやウェブの開発を行っていた藍氏は、会社の拡大とともにさまざまなシステムを作っていくことになった。

初音ミクがヒットした当時は、ユーザーが作った音楽作品や映像作品を販売するという経路がなかったのです。ユーザーがなんとか収益化することができるように、カラオケ会社などと折衝したり、iTunes Storeで発売できるようにしたりと、仕組みも込めてシステムを作っていきました。当時は、ユーザーがコンテンツを作って世界に発信していく文化が出来始めていたところなので、それをどうやって盛り上げていくのかというコミュニティデザインに可能性を感じ、仕事をしたのです。

▼初音ミクの人気が広がると、別の仕事も舞い込んでくるようになった。

「美術館で企画展をするので、初音ミクで何か展示作品を作ってください」とか「イベントに初音ミクを出展（出演）させてください」という依頼があっても、社内のプログラマーはノウハウがないので、あまりやりたがらないのですが、私は人がやっていないことを面白がる志向なので、名乗りを上げて展示作品や映像作品を作ったり、広告のコンペに参加したり等を、チームを率いてやっていました。

▼藍氏の一つの転機は、作曲家・シンセサイザー奏者の冨田勲氏と初音ミクがコラボレーションしたオーケストラコンサートであった。

中学生時代に憧れていた、シンセサイザーの世界では日本で一番凄い方と仕事ができるということで、絶対自分がやるしかないと思っていました。自分は音楽側にはあまり関わっていないのですが、3DCGをリアルタイムで動かすシステムを開発しました。オーケストラのテンポは指揮者の気分で変わるので、その音楽に映像を合わせるというシステムです。モーションキャプチャーもやりましたし、「MMD（MikuMiku Dance、ミクミクダンス）」という、当時「ニコニコ動画」で流行っていたソフトウエアを使いこなす人たちを巻き込んでシステムを作っていきました。

▼3DCGはこれからもっと重要な技術になるという実感を得た一方で、技術の限界も感じていた。

3DCGの操作は職人芸でした。リアルに見えるように動かすのは、特別な才能を持った人たちしかできなかったのです。例えば、腕の曲げ伸ばしを再現するとき、ただ普通に腕の座標の移動を計算するのではなくて、関節の角度を変えるという方向に計算し直さなくてはいけません。そのときにかかる加速度なども計算して滑らかな動きにします。これらは職人芸でやられていたのですが、もう少し数学的なアプローチで自然にできるのではないか、と考えたことが今の研究につながっています。

竹内関数で音楽生成

▼竹内関数で音楽を生成したのは、クリプトンに居た頃である。

大学で電子回路作りから離れて二十年近く経っていました。気づいたらシンセサイザーがソフトウェアで作れる時代になっていたのです。クリプトンは、ソフトシンセサイザーを海外から購入してライセンス販売するという事業を行っていましたので、製品や業界に詳しくなりました。実はシンセサイザーのインターフェース仕様は公開されていて、誰でも作れる、ということが分かり作ってみようと考えました。ただ、シンセサイザーを単に作るだけだとＤＴＭ（デスクトップ・ミュージック）を趣味でやる人の一部にしか届かない。その中で作ってみたのが竹内関数の音楽なのです。

▼曲の自動生成に興味があったのではなく、別の目的があった。

シンセサイザーを作りたい人の夢は何かというと、独自の発音方式を考えて普及させることなのです。アナログの時代は「減算式」といって、波形があってそれをフィルターで加工していくのがセオリーでしたが、ジョン・チャウニング博士が周波数変調（ＦＭ）で音を出す方式を発明し、一気に広まって時代を変えました。その後、フーリエ級数展開された倍音を重ねていく「加算合成式」が編み出されたり、近年では「グラニュラー・シンセシス」という、非常に小さな音の粒みたいなものを組み合わせて、信号処理で音を作っていく方式が出てきました。自分も何か独自なものを考えたいと、倍音を重ねるフーリエ級数と、竹内関数の再帰的呼び出しにより音を重ねていくことを思いついたのです。

▼竹内関数（たらい回し関数）とは、下記の再帰呼び出し関数である［式a］。三つの引数を与えると非常に長い時間（ステップ）をかけて再帰的に関数を巡り、最終的には以下の値を出力する［式b］。この結果に至るまでに呼び出される竹内関数の三つのパラメータを利用して音楽を作ろうとしたのである。

三つのパラメータを良い感じに処理するのが大変でした。普通にやっても駄目なので、「パラメータが三つあるのなら三和音にすると良いのでは」とやってみました。すると、驚くほど音楽的に聴こえるんですよね。これをブログで書いたところ結構話題になり、竹内先生ご本人からも連絡をいただきました。アルペジオで鳴らすのですが、音色やテンポの選び方などは恣意的に操作できるので、聴きやすいよう工夫しているのですが、コード進行自体は完全に計算式だけで出力したものです。音符の動きに独特な特徴を持っていることは間違いなく、その面白さは未だに興味を持っているところです。

▼ウェブ上で動作するシンセサイザーの開発に成功したのは、

式a

$$\mathrm{Tarai}(x,y,z) \equiv \begin{cases} y & (x \leqq y) \\ \mathrm{Tarai}(\mathrm{Tarai}(x-1,y,z), \mathrm{Tarai}(y-1,z,x), \\ \quad \mathrm{Tarai}(z-1,x,y)) & (\text{その他}) \end{cases}$$

式b

$$\mathrm{Tarai}(x,y,z) \equiv \begin{cases} y & (x \leqq y) \\ x & (x > y > z) \\ z & (x > y \leqq z) \end{cases}$$

翌二〇一二年である。

この頃、FlashやJavaアプレットではなく、ブラウザに附随しているネイティブのJavaScriptだけで信号処理ができるようになりました。本格的なシンセサイザーは世界中で誰もやっていなかったので作ってみたら非常に受けて、GoogleChromeの機能実装担当者の方々にまで届いたのは嬉しかったですね［図9-1］。

大学で研究するために大学職員に

▼藍氏は、コンサートの後にクリプトンを辞めることになる。

事業の立ち上げの時期が終わり、自分の役割はもう終わったかなということと、本格的に3DCGを勉強したくなったのが理由です。それができるのはゲーム会社や大学だと考え、そちらに進みたいと思いました。

▼一般企業を離れて大学院で研究する手段を知らなかった藍氏が取った方法は、大学職員になることであった。

小樽商科大学に技術職員として就職して、大学の仕組みを学んだり研究分野をリサーチしました。この近くなら北海道大学にこういう研究室があって、自分のやりたいことができそうだ。そのためにはどういう準備をすれば入学できるかまで詰めていき、分かった段階でようやく北海道大学に入学しました。現在も勤めているゲーム会社「スマイルブーム」にもその後に転職し、大学で研究しながらゲーム制作をしています［図9-2］。

大学での研究

▼藍氏は現在、大学においてＨＣＩ（Human Computer Interaction）と呼ばれる分野を研究している。興味を持つ

上｜図9-1　WebAudioSynth（2012）
下｜図9-2　藍が開発に関わった製品の1つ『Smile Game Builder』［©2016-2023 SmileBoom Co.Ltd. All Rights Reserved.］

たのは竹内関数がきっかけである。

竹内先生の推薦で「ニコニコ学会β」というイベントに計三回ほど登壇させていただきました。その一回目のときに別のセッションで登壇していたのがＨＣＩの日本で有数の研究者たちで、先生方のお話を聞くと、これからのコンピュータ技術を先導していく研究分野だと確信したのです。当時、Appleの iPhoneが登場し、Googleが頭角を現してきた時期で、今までとはレベルの違うインタフェースを持つ製品が登場していました。発想の源を調べると、そういうものを研究する分野があり、国際学会で活躍してきた研究者が実際に製品開発に携わっていることが分かりました。

▼研究分野の発展を確信する背景には、宇宙開発など今までの経験がある。

ウェブデザインは初めてページを見た人が使いやすいと思うものがベストかと言えば、そうとも限りません。楽器のインターフェースは何百年も前から研究されていて、バイオリンは一ヘルツ感覚で、ドラムは一ミリ秒感覚で正確に鳴らせるよう操作しやすい形が出来上がっています。社内経理のシステムは象徴的で、今ならiPhoneにも電卓機能はありますが、大型の電卓を手放さないわけです。大きなハードウエアだからこそ正確に速く打てるという最適化の結果があります。つまり、プロフェッショナルの道具としてのインタフェースと、初めて使う人が感動するインタフェースはまったく別なのです。人間の心理や経験、実際の使い勝手や慣れ、そのあたりを全部含めた「デザイン」に非常に興味があります。

研究にも仕事にも数学が欠かせなくなった

▼藍氏が大学へ入学した二〇一五年頃、情報系の大学では異変が起こっていた。

二〇一二年頃に「ディープラーニング」が登場し、機械学習やニューラルネットワークが非常に実用的になるという大革命がありました。その後の情報系の研究では統計学と偏微分方程式の知識を避けて通れなくなっています。自動作曲の研究においても、今までのルールを積み重ねる作曲に対し、機械学習で統計的に作るというアプローチが、個人の好き嫌いは別に無視できなくなったのです。それはある意味面白いのですが、ある意味、仕組みを考える面白さや意義が薄れてしまったことにもなります。

▼一方、ゲーム制作の現場でも異変が起こっていた。

数年ごとにCPUの集積度が倍々になるという「ムーアの法則」がありますが、二〇一〇年代頃から法則が成り立たなくなりました。でも、コンピュータの進化は止められないので、ハードウエアの集積以外の別の進化を求められ、登場したのがGPUと機械学習でした。どちらも、数学的な素養を必要とするので、ハードウエアの限界を数学が乗り越える流れがコンピュータ業界で実際に起こっていました。

3Dのゲーム画面がある時期から綺麗になったのが象徴的です。例えば光の計算は今まで疑似的に行っていたのが、最近は本格的に光の反射や拡散を計算して表示します。それも画面の上から順番に計算するのではなく、ピクセルごとに同時に計算して表示しています。これは従来と全然違うところです。高度なツールを使っているわけではないのですが、GPUを用いたシェーダープログラミングになると、大学で学んできた普通のプログラミングの知識とは別のセンスが必要です。

別の例として、表示する色を計算する処理を書く場合、それまでのグラフィックでは、例えば右上のほうに丸を描く、左のほうに四角を描く、というようにオブジェクト単位で考えていました。ところが、GPUを用いた絵作りになると、例えば直線ABを描くには、その直線とこのピクセルの距離が十分小さければ赤色に、遠ければ色を表示しない、というようなピクセルを基準にした時間と座標の関数処理を書くことになります。

このように、ゲームの技術者が数学を勉強するようになった流れは、ここ数年ずっと続いています。

ビッグタイトルのゲームは数学の塊

▼現在の大規模なゲーム開発では、数学がフル活用される。

二〇一七年に発売された『ゼルダの伝説 ブレス オブ ザ ワイルド』(任天堂)をプレイすると分かるのですが、今のゲームの潮流に「オープンワールド」というものがあります。ゲームの世界のマップが今までにないほど広大で、その広いマップのどこを歩いても自由というものです。ゲーム機の中に世界を作り出して自由に歩けるという「ワールドゲーム」は昔からありますが、それがどんどん高度化していきました。

マップが広大になると、人の手で木や石や建物を配置する手法が通用しなくなります。ではどうするかというと、街だったらこのちらばり方で建物を配置するとか、自然の岩の形はこう計算するとか、フラクタルなどを用いて自動で計算させます。自然の風景を作り出すときも、木をランダムに配置するのではなくて、種を植えたらこの周辺は光がよく当たるからよく育ち、こちらは日陰だからあまり育たないという法則性や条件を織り込んだシミュレーションで作ります。こうなると、もうゲームを作っているのではなくシミュレーターを作っている感じになり、そちらの知識が必要になります。

▼ゲームに間違いがないかをチェックをするデバッグ作業も人の手に負えなくなってきている。

広大なマップを作ったは良いが、ちゃんと街中を歩けるのか、歩いたら敵と遭遇するのかのチェックも、人間がゲームを遊ぶように、コンピュータにゲームを遊ばせて、変なことが起きたら自動的に報告させるような仕組みを研究しなければならない状況です。３Ｄゲーム全体のデバッグについては、実用化は少し先ですが、ソーシャルゲームのような紙芝居的なゲームだったら、かなり自動化できるようになっていると、カンファレンスなどで発表されています。

▼敵の動き、街の住民の動きもリアルに動くよう工夫されている。

昔のゲームのように、同じ言葉を繰り返し話し、同じ場所でぐるぐる回るだけだとリアルに見えないので、いかに意志を持っているように動かすかというのは、機械学習とはまた違ったＡＩの研究分野の一つになっています。研究とゲーム開発、両方に関わる面白い分野です。

▼現在の最新鋭のゲーム機において、最先端の数学は載せられるのだろうか。

行動に関するＡＩについては、学習にとても時間がかかりますが、その結果を実行するのは速いという非対称な構造があるため、今時のゲームであればそこまで負荷はないと思います。一方で、グラフイックのシミュレーションはいくらでもリソースが必要なので、まだまだ不十分です。

▼意外と侮れないのが、音のシミュレーションである。

実は、音楽や環境音はグラフィックと同じくらい計算リソースが必要です。例えば、洞窟の奥の方でモンスターがうなり声をあげた場合、洞窟にどう反響して届いているのか、モンスターと闘う剣の音がぶつかったときにどう聞こえるか、などをシミュレーションするためには計算が大変必要になります。しかし、サウンドはゲームの中で計算リソースをそれほど貰えません。サウンドの開発者は悩ましい思いをしているはずです。

AIはプログラムを自動生成するのか

▼音楽や映像を数学やコンピュータで扱うことの魅力について、藍氏はまだ誰も見たり聞いたことのないものが作れる可能性があることを挙げる。

真鍋大度さん(Rhizomatiks Research、当時)やチームラボさんなどもそうですが、メディアアートとの狭間ぐらいのところは、キャッチーだし分かりやすいし技術としても面白い。このあたりは自分にも何かできることがあるのではと思っています。

▼二〇一七年に、アーティストの平川紀道氏や多摩美術大学の久保田晃弘氏などとともに「全知性のための彫刻」という展示作品を制作した[図9-3]。

この彫刻は正二十四胞体の形をしていて、実はアンテナとしても機能します。自動生成した音楽をこの彫刻で飛ばして、ラジオで受信します。見た目だけでも楽しめる彫刻作品であるとともにアンテナとして実用可能という、二つの意味を持つ作品です。数学的な知識もあり、音楽の知識もあり、テクノロジーやアートの知識もあるという人たちが、こういう分野を切り拓いています。

▼また、同じく二〇一七年には、韓国の「光州メディアアーツ・フェスティバル」にてプログラミングと音楽・映像を融合するライブコーディング・パフォーマンスを行った［図9-4］。

上｜図9-3 全知性のための彫刻／札幌国際芸術祭2017［©ARTSAT×SIAF LAB.］
下｜図9-4「光州メディアアーツ・フェスティバル」におけるパフォーマンス(2017)［©ARTSAT×SIAF LAB.］

ステージ上でリアルタイムにプログラムを書き換えながら、映像や音楽をどんどん変化させていくというものです。このようなパフォーマンスは、楽器演奏と同じように「コードを演奏する」とか、ＤＪのように「コードジョッキー」と呼ばれたりします。

YouTubeに実際の動画があるのですが、[*2]この動画の左の方の壁に３ＤＣＧが映っています。これが僕の担当した部分で、成層圏に飛ばした気球の映像を３ＤＣＧでビジュアライズするという作品です。いくつか面白い要素を入れているのですが、実はプログラムを自動生成するプログラムを組み込んでいるのです。

▼これらの作品のカギになるのは「自動生成」である。

「自動生成」は、アートの分野では「ジェネラティブアート」と言われます。これがゲーム業界ではシミュレーションで地形を作るといったことに対応していて、「プロシージャル生成」と呼ばれます。そして音楽の世界では「自動作曲」や「アルゴリズミック・コンポジション」という名前です。アートとゲームと音楽と別々の分野で同じようなことが行われているのを私は見てきました。分野に限らず、コンピュータでシミュレーションや生成してものを作るという流れはどんどん盛り上がっていくでしょう。

▼今の関心事の一つは、「AIがプログラムを作る時代が来るのか」ということである。

今はプログラマーの人たちが一日何時間も、何か月もかけて、一つのシステムをつくり上げているのですが、私はコンピュータがプログラムを自動生成する時代はすでに訪れはじめていると思っているのです。それは機械学習によるものです。

機械学習が作り出すものはパラメータの羅列で、プログラムのソースコードのように人間が読んで分かるものではありませんが、「こういうインプットがあります。こういうアウトプットをください。」というとき、人間がソフトウエアを書いたときと結果的に同じような挙動をするものが現時点で登場しているということは、すでにAIがプログラムを書いたと言ってよいのではないかと思っています。人間の限界を超える、コンピュータによるプログラム生成という時代にすでに突入していて、今後もその流れは止まることはないと思っています。

ゲーム業界は数学の才能を求めている

▼ゲーム業界で数学の才能を持つ人は増えてきている。

業界内でいちばんの有名人はスクウェア・エニックスの三宅陽一郎さんです。私も仕事をご一緒させ

*2　https://www.youtube.com/watch?v=248V83NYL-w

ていただいたことが何度かありますが、数学的なセンスが普通の人たちと別格に違います。『ゼビウス』などを作った遠藤雅伸さんや『パックマン』などを作った岩谷徹さんも、今は大学で研究されていますし、数学との距離がどんどん近づいてきています。今年や去年、新入社員で有名ゲーム会社に入った人たちは、間違いなく機械学習や数学がとてもデキます。

▼現在のゲームは、大規模なプロジェクトになっており、芸術分野の才能のある人たちを育てながら制作しているのだという。

特にメジャーなゲームタイトルは、ある意味ハリウッド映画と似たような作り方をします。しかも、映画だと一本道でよいところを二本も三本も道を用意して作らなければいけません。今はＣＤが売れず、映画館へ毎週のように行く文化もなくなりつつある時代で、しかも、コロナの影響で外出してイベントにも行かなくなっています。でも実はミュージシャンや映像作家、小説家志望の人たちはゲーム業界で才能を発揮しているケースが非常に多いです。ここで十分に収入を得ているため、一昔前のように才能があるのに明日食べるお金がないという風景は、なくなりつつあります。

▼この流れは、数学の人たちにも訪れると藍氏は語る。

数学の研究者を目指しているけれど十分なポジションを得られていない人や、数学を趣味でやっているけど仕事にするほどでもないのではと思っている人たちは、ぜひゲーム業界を検討してみて欲しいのです。信号処理にとても詳しいとか、ＡＩやエージェントを研究しているなど、「ゲームに絶対役に立つスキル」を持つ人たちは、ゲーム業界に就職という選択肢が頭の中になく、官公庁や通信会社、メガベンチャーなどを志望してしまいます。たぶん、「ゲームはプログラマーがたたき上げで作っている」というイメージが残っており、ゲーマーではないから、ゲームを作ったことがないから、と敬遠してしまうのだと思います。しかし未来のゲームを想像すると、数学や機械学習やエージェントやモデル制御などの知識が絶対に必要になります。

ゲーム業界をはじめコンピュータ業界では、プログラマーが必死になって数学を勉強している状況です。最初からそのスキルのある人が入ってきたら重宝されるのは間違いありません。

［二〇二〇年七月一日談］

［本人写真は藍氏本人提供］

藍圭介

あい・けいすけ

1967年、北海道生まれ関東育ち。宇宙開発、VOCALOID、情報デザインなど各種分野のソフトウェアエンジニアを経て、インタビュー当時は株式会社スマイルブーム所属、北海道大学大学院博士後期課程在学。現在は技術職員として小樽商科大学に所属。3DCG、Webシンセサイザー開発、機械学習、メディアアートプロジェクトなどゲーム、アート、学術研究にまたがる領域で活動。

付録 appendix

A

数学科出身のメディアアーティスト真鍋大度氏が語る

（メディアーティスト、Rhizomatiks Research（当時、現・アブストラクトエンジン））

「数学を勉強することの強み」とは？

皆さんは、二〇一六リオデジャネイロオリンピック閉会式の「フラッグ・ハンドオーバー・セレモニー」をご覧になっただろうか。故・安倍晋三首相（当時）がマリオの姿で登場するなど驚きの連続だったが、実は、AR[*1]やプロジェクション映像演出を手がけた一人である真鍋大度氏は、数学科出身である。フラッグ・ハンドオーバー・セレモニーでの映像演出のほかにも、女性三人組テクノポップユニット「Perfume」のステージでの技術演出でもご活躍の真鍋氏に、学生時代の思

い出や、ご自身の映像表現の源流と数学との関わり、数学をこれから学ぼうとする皆さんが、学んでいく上でのヒントや卒業後の可能性などについてお話を伺った。

数学と出会った頃

▼真鍋氏の数学との出会いは、ミュージシャンである両親の影響が大きかったという。

僕は父親から「音楽と数学はすごく近いものだ」とよく言われていました。当時は、十二音階が等比数列でできているとか、そういった程度の意味かと思っていました。

▼小中高と授業の中での数学は得意で、東京理科大学の数学科へ進学した真鍋氏。大学時代も音楽のつくり方への興味は続き、とくに建築家・作曲家のヤニス・クセナキス（一九二二‐二〇〇一）に感銘を受けた。

クセナキスは、どちらかというと「確率論や代数を用いて音楽をつくる」ということをやっていた人で、音列から音群、音のテクスチャへ作曲を進化させた作曲家です。二十世紀半ばに考えられたとは思えないものばかりで、その中の一つに「グラニュラー・シンセシス」と呼ばれる音を細かく切り刻みループするような手法があります。

その人の本と出会ったのです。実装の方法はよく分からなかったのですが、自分が想像できないよう

＊1 Augmented Reality（拡張現実）。人が知覚する現実環境をコンピュータにより拡張する技術、もしくはコンピュータにより拡張された現実環境そのものを指す言葉。

なことをやっていたし、生み出される音楽自体やアルゴリズムも面白く興味を持ちました。それに影響されてか、大学の頃にはプログラムを用いて波形を生成してサウンドファイルを作り、それを使って作曲していました。

▼数学科で一番好きだった授業はトポロジーだという。

具体的にイメージできる問題が多く、わかりやすかったというのが大きいです。トポロジーは安部直人先生という方に習ったのですが、何が面白いかということをうまく説明してくれていました。また、グラフィックをつくることにすごく興味があったのも影響していたと思います。

▼一方、解析学の授業では、最後まで苦労をした。

最初にε-δでつまずく人が多いと思うのですが、僕はその典型でした。それは成績にも表れていて、代数系と幾何系はほぼAだったと思うのですが、解析学のせいで留年をしたこともありました。

▼大学入学までは成績がとても良かったが、入学後に挫折する、という典型的なタイプの学生だったと語る真鍋氏。大学時代は数学をどのように勉強していたのだろうか。

普通に授業を聴いてやっていただけなので、何か特殊な勉強法があったら逆に知りたいくらいです(笑)。ただ、教科書以外の本は結構読んでいましたし、大学院入試のための演習書などもやっていましたね。また、大学には図書館があったので、そこでよく調べものをしていました。今の学生よりも図書館に行く頻度は高かったと思います。数学やプログラムを勉強するにしても、今であればネットで全部調べられるので、本当に夢のような時代だと思います。

▼四年生の卒業研究では、Javaを用いたグラフィックの表示に関することを行っていたという。

それまではMathematicaばかりだったのですが、Javaでプログラムをすればウェブブラウザで表示ができて、ほかの人にもグラフィックを見てもらったり共有できたりする。このようなことが、当時はまだ新しい技術で面白かったのです。二十年経って振り返ると、隠面消去[*2]とかデプステスト[*3]とか、びっくりするぐらい簡単なことをやっていたような気がします。フラクタル図形を描画するようなこともよくやっていました。今となっては、もう少し数学寄りのことをやっておけばよかったと思っていますが、ドロップアウト組には人気の卒業研究でした(笑)。

▼その後真鍋氏は、大手電機メーカーに就職することになる。なぜ、大学院には進まなかったのだろうか。

僕がすでに数学に挫折していたこともあるのですが、ソフトウェアのエンジニアリングに興味が出てきて、プログラムを使った職に就きたいと思ったことが大きかったですね。数学科では、民間企業へ就職する場合は金融機関に行くかエンジニア職に就く人が多いと思うのですが、僕も典型的なパターンでした。

＊2　コンピュータ・グラフィックスで三次元画像を描画するとき、視点からは陰になって見えない部分の面を消去する処理のこと。

＊3　同様に三次元画像を描画するとき、奥行(深度＝デプス)の情報を対象物に持たせて比較させることによって、より手前のものが描画できる手法のこと。

最初の作品

▼大手電気メーカーに就職した真鍋氏であるが、現在のような作品作りに至るまでは、紆余曲折があった。

エンジニアの仕事は充実していましたが、プログラミングを用いて音楽や映像を作ることに未練がありました。一度会社を辞めてベンチャー企業に移りましたが、思うような結果は得られませんでした。そんな頃、ＩＡＭＡＳ（岐阜県立国際情報科学芸術アカデミー）というアートとサイエンスを融合させるようなことをやっている学校があることを知って入学を決意しました。

▼真鍋氏がメディアアーティストとして発表した最初の作品は、社会人を経験後に芸術系の学校へ再度入学した後のものである［図Ａ-１］。

アナログレコードへ特殊な信号を埋め込み、針を置いてコンピュータにその音を取り込んで解析をします。その解析した結果を使ってグラフィックを描画したり音楽を制御したりする、というものです。これを実現するためには、レコードの針の「現在位置」と「進行方向」をどうやって解析して得るかを考える必要があります。現在であれば、もう少しいろいろな仕組みを考えることができますが、当時はサイン波やノコギリ波を入力して進行方向と再生方向を得て、位置の解析にはユニークなパルス波を使う、という仕組みをつくり、プログラムを書きました。入力信号やサンプリング数など種々の制約の中で、どういう周波数やパルスの数なら場所と方向の特定が可能なのかを、試しながら作った作品です。

どうしてこのような作品を作ったのかというと、当時、クラブＤＪたちがアナログレコードではなく

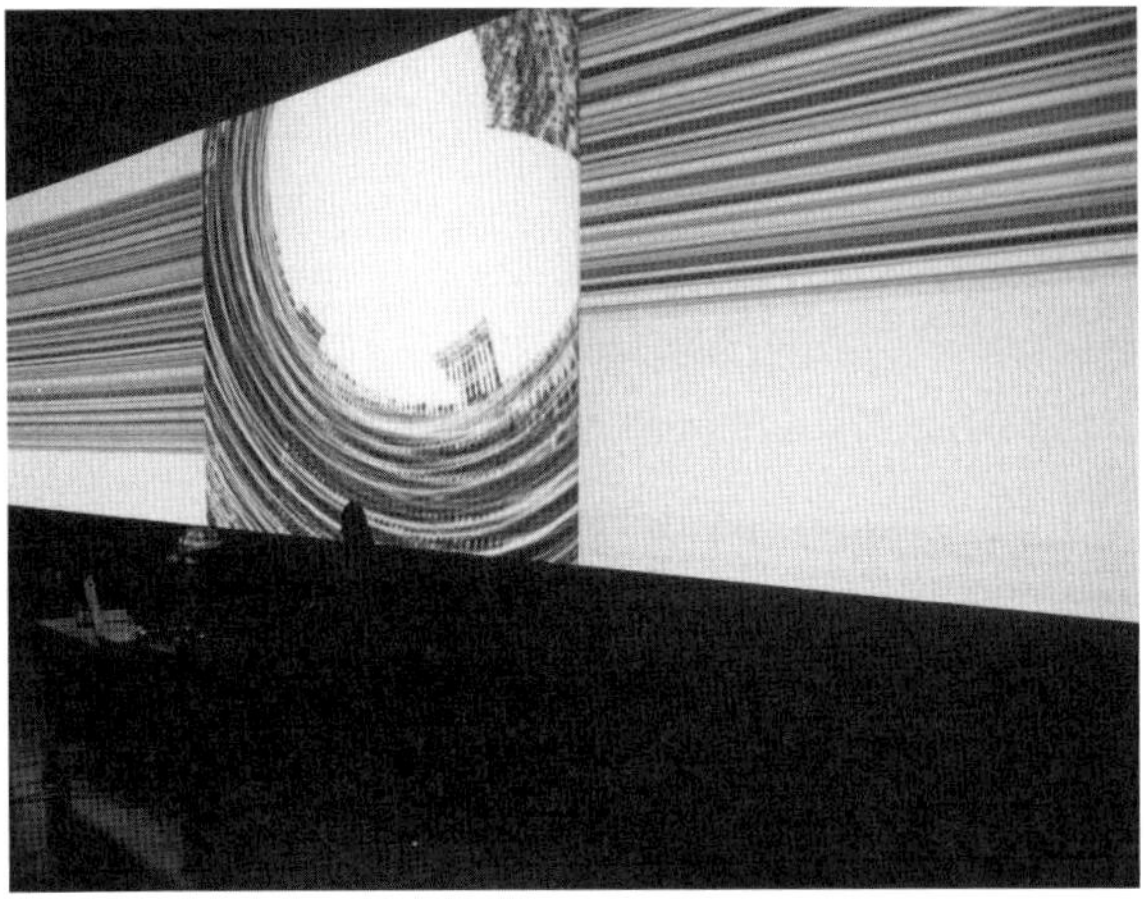

図A-1『Turntable』(2002年)

CDを使い出したのですが、CDによるDJはCD風のプラスチックのデバイスを操作するだけなので、インターフェイスや見た目が格好良くなく操作性も悪かったのです。今後、普段DJが使っているアナログレコードというインターフェイスを使ってパソコンの中にある音楽や映像を操作するようになるのでは、と考えたのです。目のつけどころが良かったのか、実際にその二〜三年後にはプロダクトが出て、今ではどこのクラブでも使われている商品になっています。

▼この仕組みを実現するために、苦手であった解析学を勉強し直したという。

音声信号を解析して、その解析情報をもとに3Dグラフィックスを描画するので、解析の知識が必要となりました。プログラム自身はさまざまなライブラリ[*4]があるので、すべてをイチから書いてはいませんが、

*4　汎用性の高い複数のプログラムを再利用可能な形でひとまとまりにしたもの。

3Dグラフィックスをコンピュータ上で扱うとなると線形代数の処理などは必要になります。何かをやるたびに勉強し直すので、毎回、大学のときに勉強しておけばよかったと思いました。今はネットで調べれば何でもわかるし、ソースコードもすぐに見つかるので少し状況が変わったかもしれませんね。

表現の世界における数学の立ち位置

▼現在までに制作された作品の中で、数学をたくさん使ったと言える作品がいくつかある。「巡回セールスマン問題[*5](traveling salesman problem:TSP)」を用いた『Points』(二〇一一年、図A-2)も、その一つである。

絵を描くとき、コンピュータのディスプレイ上なら、普通は左上から順にドットを描いていきますが、例えばレーザーで実際にキャンバスへ絵を描く場合、「ガルバノミラー」といって二枚の鏡を高速に動かして描画するので、円を描くにしても、左上から順に描くより、円をそのまま描いたほうが効率は良いのです。そのため、描画のパターンを考えるときには移動距離が最小になるような描き方を考える必要があります。そのときに、TSPを「遺伝的アルゴリズム[*6]」で解きました。TSPは普通に計算をしようとすると解が求まらないのですが、遺伝的に解けばベストではないけれど、ある程度良い解答が得られます。

TSPの経路がだんだん短くなっていく様子も面白かったので、この作品では、遺伝的に解いていく様子もグラフィックで表示させました。実装部分も書いたので数学的なことをやったなという気がします。

この作品ではさらに、エアガンを制御することを考え、任意のシルエットに対して銃口のルートをTSPで計算して、その通りに紙を撃つ仕組みも作りました。これだけだと面白くなかったので、銃口がどうやって動くかを計算している様子も見せて、作品の一部にしています。

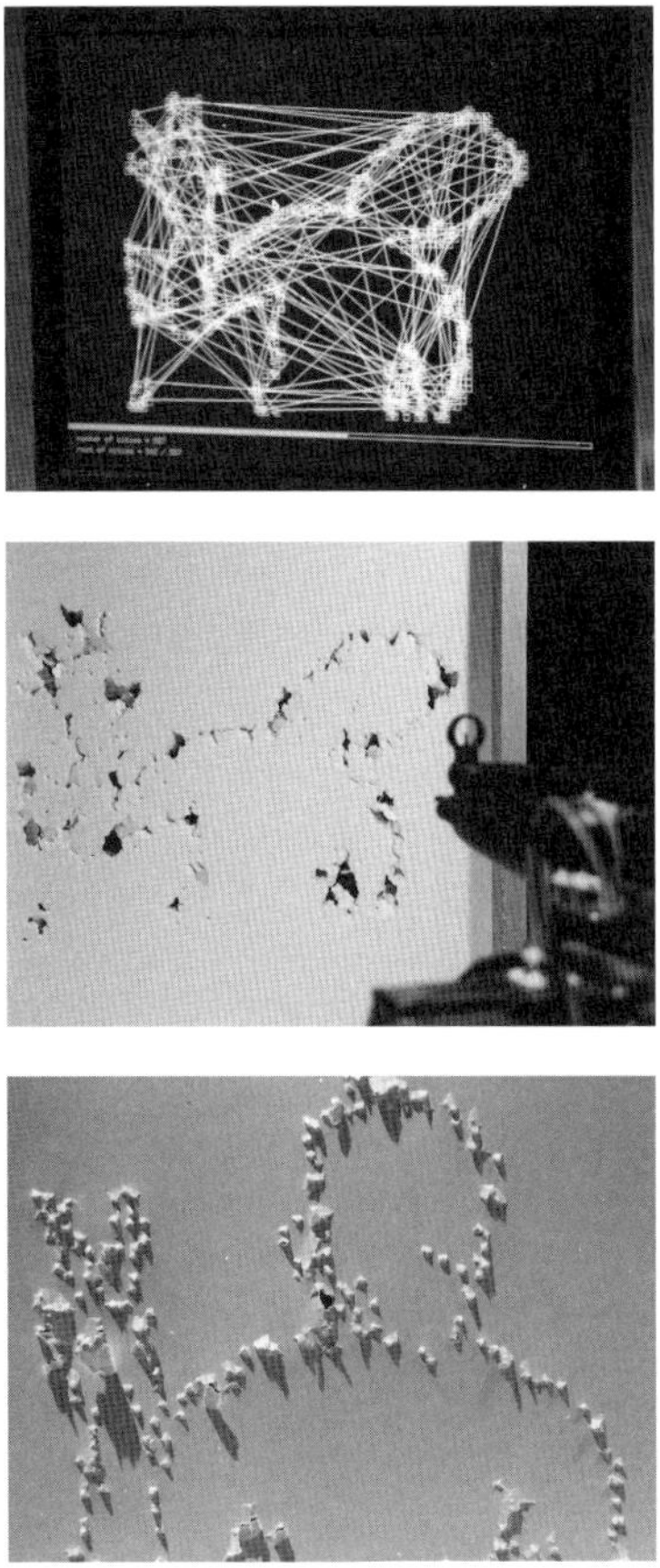

図A-2『Points』(2011年):上｜遺伝的アルゴリズムによる経路の生成の様子、中｜エアガンにより描かれる様子、下｜完成したシルエットの一例

*5 各地点における二地点間の移動コストが与えられたとき、すべての地点を一度ずつ巡って出発地点に戻る巡回路の総移動コストが最小のものを求める組合せ最適化問題。

*6 解の候補を遺伝子で表現した「個体」を複数用意して、適応度の高い個体を優先的に選択して交叉(組み換え)・突然変異などの操作を繰り返しながら解を探索するアルゴリズム。

▼どのプロジェクトにおいても数学は何かの形で関わっているが、あまり前面に押し出すことはしていないという。

デザインやエンターテインメントの仕事は、数学を前面に出すと一部の人にしか理解できなくなってしまいます。また、僕は数学に対してあこがれはあるのですが、大学の頃に挫折している経験もあるので、中途半端に数学のことを語りたくないところもあります。なので、今の自分の作品作りのスタンスでは数学は目的ではなくツールなんですよね。だから、必要になればその分野を学びなおして使いますが、必要がなければ使わないという感じです。

▼その一方で、表現の世界は数学の時代に突入しているとも語る。

クリエーションの世界は、みんなが同じことをやり始めると、違うことを取り入れてハードルを上げていかなければいけないと思うのですが、そのハードルは数学的なことであることが多いのです。文系大学を卒業した人がプログラムなどを使ってクリエイティブな活動をするには、かなり大変な時代になったという気がします。「機械学習」もクリエーターみんなが普通にやるようになっていますが、微分積分、統計学や線形代数の素養がないと、どうやっても扱えないのです。

ドローンの制御もそうなのですが、何らかの機械をコントロールしようと思うと、必ず「フィードバック制御」が登場します。そのため、少なくとも大学の解析学をやっていないと難しいのでは、という気もします。

▼しかし、大学で数学の授業を普通に受けている頃には、数学がこんなにも使えるものだとは想像もしていな

かった。
勉強不足だったのがいちばん大きいのですが、僕の場合は、特に今やっていることが何に応用されるのかが分かっていなかったですね。トポロジーの勉強も、今であれば、ネットワークの理論とか、機械学習のクラスタリングなどで使うのだと分かりますが、当時はただ面白いからやっていたのが正直なところです。
大学生の頃は、そもそもエンジニアにならないと数学のスキルが応用できないと思っていました。デザインや音楽と数学が関連しているとは思っていましたが、その頃はコンピュータの演算能力も今と比べて高くなかったので、現在のような職業を想像することも困難だったと思います。

数学科出身者の強み

▼表現の世界において、数学科出身者の強みとは何なのだ

ろうか。真鍋氏は、第一に数学科で身につけることができる幾何や数に対する感覚が活きると語る。

数学を知っているといろいろなことが感覚で分かるようになる気がします。幾何学的なことで言えば、絵をぱっと見てアルゴリズムで生成できるかどうかの判断ができたり、ゲームのエンジンで言えば、実現しようとしていることの計算コストはどれぐらいなのか、などが直感的に分かったりします。

▼また、数学を知っていると最新技術をいち早く知って取り入れることができるのも強みである。

僕らの場合、新しいことをより早くやることが要求されますので、まだ実装されていないものを使うこともあります。論文は公開されているけれどプログラムが公開されていないものは、数式からプログラムに起こす作業が必要になります。その際、数式を読めないとプログラムに翻訳できないのです。「新しいことをどれだけ早くやるか」を競争している人たちにとって、数学は必要なスキルです。僕自身は書かれた数式の意味について、一〇〇%の理解はできないことも多いのですが、プログラムに起こすことはできるので、いち早く使うことができます。論文をまったく読まずに、すでにあるライブラリを使うだけの人も多いと思うのですが、仕組みが分かると、そこに面白さが潜んでいる場合もあって、新しいアイデアが出てくることもあると思います。

▼図A-3の『neural portraits』(二〇一四年)は、「ある画像を別の画像へ似せていく」というアルゴリズムを基盤にし、さまざまな画像の生成過程を映像に記録した作品である。

今、深層学習(deep learning)がすごく流行っていますが、中でも「畳み込みニューラル・ネットワーク(Convolutional Neural Network:CNN)」や「深層畳み込み敵対的生成ネットワーク(Deep

図A-3『neural portraits』(2014年)

Convolutional Generative Adversarial Networks:DCGAN)」を使って、画像を「生成する」というのが流行ってきています。うまく行かなかった結果や、その過程で出てくる画像が、うまくできたものより面白かったりします。研究者にとっては、もしかするとあまり意味のないデータかもしれませんが、アーティストにとっては作品になり得る興味深いものであることも多いです。

深層学習の世界は、一年経つとアルゴリズムが古くなってしまいます。当時は処理するのに一枚二〇分かかっていたのに、アルゴリズムが改善されて同じようなことが一秒でできるようになる世界です。新しい論文が「arXiv(アーカイヴ)」に上がるので、[*7] 早い人は論文が出ると真っ先に実装します。でも、本当に難しいのはパラメーターの調整で、そこでノウハウやスキル

*7 出版前の論文が公開・閲覧できるウェブサイト。
https://arxiv.org/

が活かされ、上手い・下手が決まります。これも僕らの世界だと、だれが最初に上手く作品に落としこむかという、競争みたいなものがあります。CNNはそのまま視覚的にも面白い作品になるのですぐに使えるのですが、深層学習を用いた作品を制作するのはスピード感だけでなく、クリエイティブなアイディアを出すのも難しい世界で、どうやって実装に落としていくかも含め、数学的な作品だと思います。

ゴールを想像する力

▼本書を読む高校生や大学生に伝えたいこと、それは、「ゴールを想像する力」を身につけて欲しいと語る。

数学の研究者を志望する学生に向けたアドバイスではないのですが、僕のように応用して作品をつくったり、就職して製品をつくったりする人は、学んでいるときからゴールを明確にイメージするスキルが必要だと思います。

僕は本当に受け身で数学を研究していたタイプで、あとになって自分のやりたいことが出てきて、数学が必要になって立ち戻る、ということを繰り返し、とても効率が悪いことになっています。学生である今は、満遍なく学ばなければいけない時期で、しかも、忘れないようにしなければいけないので大変だと思うのですが、その中でもゴールのイメージをしていくことが大事なのかという気がします。

▼また、その実現のためには先生の力も重要ではないかと指摘する。

この間、母校の東京理科大学へ教えに行ったのです。授業自体は理学部だけではなく、飯田橋の全学

科の学生が対象だったのですが、数学科の子たちと話していると「難しすぎて全然何も分かんないです」という子が多い。でも話をよく聞いていくと、挫折する原因が分かる。「やみくもに勉強してもモチベーションが上がらない」ということなんですよね。勉強が何に繋がっているかというのが全然見えないので、その先にいちばん楽しいところがあるけれど、手前でずっと苦労しているみたいなのです。

高校生でも、微分積分が何に役立つか分からないという子もいます。でも、メディアアートをやりたいという子には「微積のおかげでドローンも飛ぶし、格好良いグラフィックも作れるんだよ」という話をします。学校ではそういう教え方をするのは難しいのかな、とも思いますが、先を見据えて勉強することが、モチベーションを保つためにも大切で、必要なことではないでしょうか。

［二〇一六年一二月一四日談］

真鍋大度

まなべ・だいと

1976年、東京生まれ。メディアアーティスト。株式会社アブストラクトエンジン取締役。東京理科大学理学部第一部数学科を卒業後、システムエンジニア、プログラマを経て、岐阜県立国際情報科学芸術アカデミー（IAMAS）へ入学。卒業後に東京藝術大学の助手などを経て、2006年に東京理科大学の友人とともにライゾマティクスを設立し、現在に至る。

2010年から『Perfume offcial global website』プロジェクトをはじめとする数々のPerfumeプロジェクトに技術面のサポートで携わるほか、ジャンルやフィールドを問わず、プログラミングを駆使してさまざまなプロジェクトに参加。また、MITメディアラボをはじめ世界各国でワークショップを行うなど、教育普及活動にも力を入れている。

グッドデザイン賞、文化庁メディア芸術祭エンターテインメント部門大賞など受賞作多数。

初出一覧

1　デザインと数学の架け橋を／野老朝雄氏にきく（美術家）
『数学セミナー』二〇一六年一二月号、特集「デザインと数学」

2　天地のない絵が描きたい／高野文子氏にきく（漫画家）
『数学セミナー』二〇一八年九月号

3　「数学をすることの意味」を求め続けて／青柳碧人氏にきく（小説家）
『数学セミナー』二〇一七年八月号

4　からくりと三進法と漸化式／岩原宏志氏にきく（からくり職人）
『数学セミナー』二〇二一年六月号

5　数式はいかに組まれるか／株式会社精興社 数式組版チームにきく
『数学セミナー』二〇一九年一月号

6　数学を楽しく考えてくれるだけで／松野陽一郎氏にきく（学校教員、開成中学校・高等学校）
『数学セミナー』二〇二一年一二月号

7　気象の理論と観測の狭間にある数理／荒木健太郎氏にきく（雲研究者、気象庁気象研究所）
［『数学セミナー』二〇二一年三月号］

8　折り紙の窓から見る数学／前川 淳氏にきく（折り紙作家）
［『数学セミナー』二〇一七年一〇月号］

9　自動生成で広がる世界／藍 圭介氏にきく（ゲームプログラマー（当時）、北海道大学大学院情報科学研究科（当時）、株式会社スマイルブーム（当時））
［『数学セミナー』二〇二〇年九月号］

付録

A　数学科出身のメディアアーティスト真鍋大度氏が語る
（メディアアーティスト、Rhizomatiks Research（当時、現・アブストラクトエンジン））

「数学を勉強することの強み」とは？

［『数学ガイダンス二〇一七』（数学セミナー増刊、日本評論社）］

数学《すうがく》にはこんなマーベラスな役立《やくだ》て方《かた》や
楽《たの》しみ方《かた》があるという話《はなし》を
あの人《ひと》やこの人《ひと》にディープに聞《き》いてみた本《ほん》 1

2023年9月10日　第1版第1刷発行

編者　数学《すうがく》セミナー編集部《へんしゅうぶ》

発行所　株式会社 日本評論社
〒170-8474 東京都豊島区南大塚3-12-4
電話：03-3987-8621［販売］ 03-3987-8599［編集］

印刷所　精興社
製本所　難波製本

カバー＋本文デザイン　粕谷浩義（StruColor）
インタビュー写真撮影　中野泰輔（第1章、第9章を除く）、河野裕昭（第1章）

ISBN978-4-535-79005-6